\ 超省時! /

冰箱常備
冷藏發酵麵包

隨切隨烤，每天都吃得到現烤麵包！

想吃多少
只要切下分量
烘烤即可!

吉永麻衣子／著　徐瑜芳／譯

前言

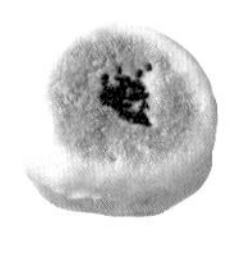

每天現烤，好吃又有趣！

為了讓平時忙於育兒
而沒有什麼時間的家長們，
可以在家輕鬆製作現烤麵包，
我特別設計了這種常備麵團的食譜。
省略困難的步驟，
使用手邊的安心食材就能製作，
既輕鬆又容易上手。
只要麵團放在冰箱中保存就能發酵，相當方便。
先前出版的《冰箱常備免揉麵包》
受到許多人的喜愛與支持，
也陸續聽聞「烤出了美味的麵包！」等
讀者的開心迴響，因此催生出這本
《超省時！冰箱常備冷藏發酵麵包》，
讓大家能用更簡單的作法
在家享受現烤麵包的樂趣。

在家也能做出
種類豐富的麵包！

更加簡單又美味的常備麵團！

麵團作法容易，
在冰箱中就能發酵及保存，
而且可以使用小烤箱烘烤，相當方便
只要將一般麵團的配方稍微做點變化即可。
麵團中加了奶油讓口感變得更蓬鬆，
滋味更柔和，
是大人和小孩都能接受的口味，
即使每天吃都不會膩。
還可以添加配料、改變形狀，
做出各式各樣的變化版本。

只要一個保鮮盒
就能製作麵團
製作、保存毫不費力

保鮮盒其實是製作麵團的好幫手。
只要在容器中拌好麵團再蓋上蓋子，
再放進冰箱中發酵、保存即可。
因為是直接在容器中攪拌麵團，善後處理很簡單，
麵粉也不會撒得到處都是。
我用的容器是在日本百元商店買的寬底方形淺盒。
請各位一定要親自試試看，
體驗簡單的製作過程及樂趣！

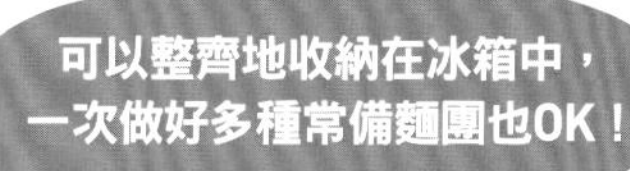

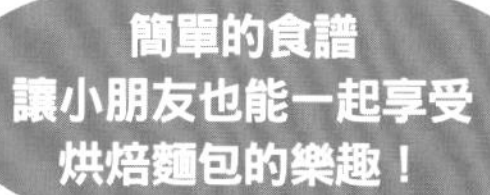

麵團不用滾圓成形
將要吃的分量切成喜歡的形狀，馬上就可以烘烤

從冰箱中取出常備麵團，
切塊後馬上就可以放進烤箱或小烤箱中烘烤。
切法自由不受限制，不管是三角形或四方形都可以。
即使不滾圓成形和再次發酵也沒問題！
無論在時間不多的早上或是趕著幫孩子準備點心時，
都能輕鬆做出現烤麵包哦！

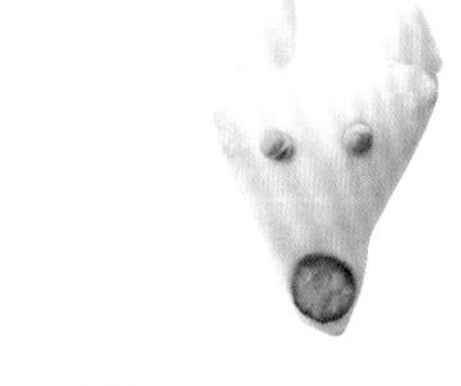

Contents

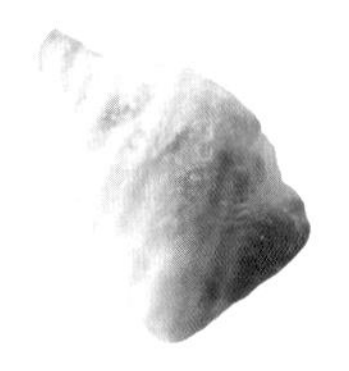

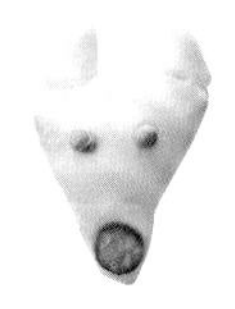

Part 3

冰箱常備
隨切隨烤鹹點麵包

實用Q&A

Part 4

冰箱常備
隨切隨烤甜點麵包

本書的注意事項

麵包的烘烤時間僅提供作為參考基準，使用的烤箱機種不同，需要的烘烤時間也不一樣，請依實際烘烤情況調整。

作法輕鬆、種類多樣！

基本的
隨切隨烤
麵包

基本食譜是
口感蓬鬆柔軟，
帶有奶油風味的基礎麵團。
只要一個保鮮盒
就能製作兼保存麵團，
做好之後
只要切下
要吃的分量烘烤
就能做出全家大小
都能開心享用的基礎麵包。

Part1將
介紹基本作法，
以及一些美味的搭配吃法。
先從使用保鮮盒製作麵團
開始挑戰吧！
只要做過一次
就會為這份食譜的
便利性和美味
而深深著迷。

隨切隨烤

冰箱常備冷藏發酵麵包

Part 2～Part 4
介紹的是
利用基礎麵團
製作而成的各種麵包。

基本麵團的食譜
有滿滿400g！
切好早餐
要吃的分量烤一烤，
剩下的再滾圓放回容器中
保存即可！

可以做成午餐吃的鹹麵包、
小朋友的點心麵包，
盡情享用各種變化的
美妙滋味。

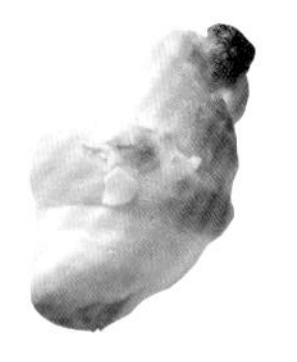

「冰箱常備冷藏發酵麵包」的
基本知識

做麵包的使用器具

利用保鮮盒
製作麵團時，
還需要一個可以用來
混合牛奶及水等液體
和乾酵母的缽盆。
此外，
若有可以和麵的
刮板和用來擀麵的
擀麵棍會更方便。

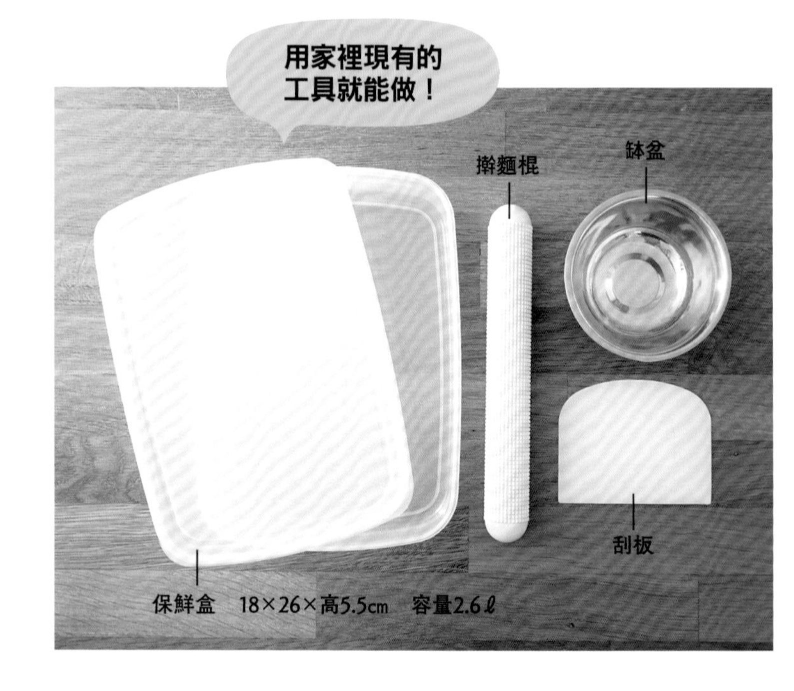

做麵包的使用材料

準備好高筋麵粉
以及乾酵母。
雖然一樣是麵粉，
但是低筋麵粉
沒辦法用來做麵包，
要特別注意。
其他材料像是牛奶、
鹽、砂糖、奶油等
用原本家裡有的
就OK了。

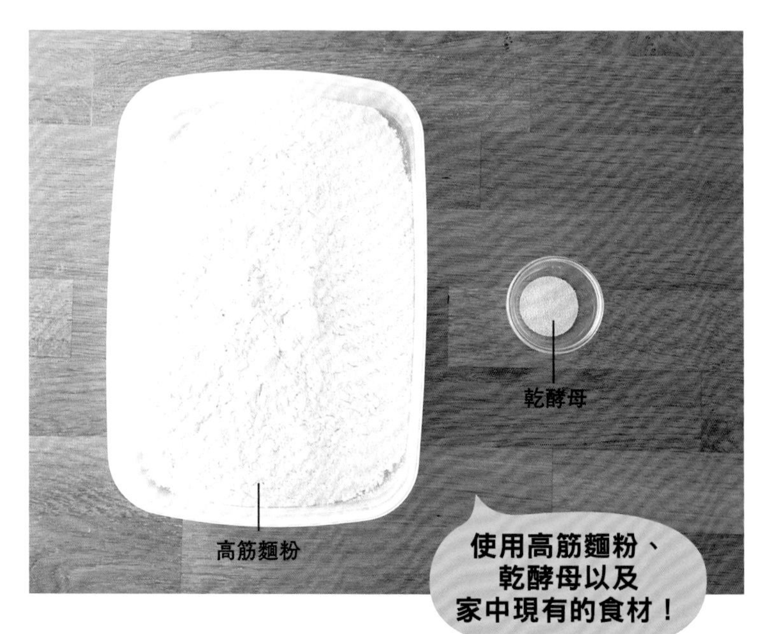

常備麵團的優點就是第一次做的人也能輕鬆完成。
只要準備好高筋麵粉及乾酵母，再搭配家中現有的材料及器具即可。
這裡要介紹的是便利的器具及製作重點。

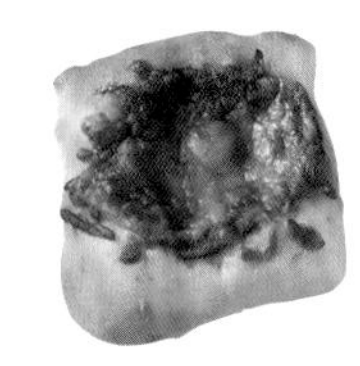

發酵及保存

**將做好麵團的保鮮盒
直接放入冰箱中
發酵及保存。
發酵條件為在7℃的
冰箱中冷藏8小時。
麵團的保存期限
大約為3～5天。**

烘烤方式

**取出要吃的分量，
切成喜歡的形狀後
烘烤。
切開麵團時
可以使用保鮮盒的蓋子，
非常方便。
不論是小烤箱
或是電烤爐都可以
烤出美味的麵包。**

Part 1

冰箱常備冷藏發酵麵包
基本作法

鬆軟的
隨切隨烤麵包

鬆軟的口感和質樸的滋味，
即使每天吃也不厭倦。
只要事先做好麵團，
不管是正餐或點心
都能吃到新鮮現烤的麵包。
第一次做麵包的人
也能照著這份食譜
輕鬆做出美味的麵包。

材料（40g・17個份）

A（保鮮盒）
- 高筋麵粉…400g
- 砂糖…20g
- 鹽…6g

B（缽盆）
- 牛奶（退冰至常溫）…200g
- 水…80g
- 速發乾酵母…4g

奶油（置於室溫中回軟）…20g

製作麵團

1 在牛奶液中撒入酵母

將B的牛奶及水倒入缽盆中混合，接著撒入酵母，使其布滿液體表面。靜置直到酵母溶解，沉入盆底。

首先將牛奶及水混合。冰牛奶會使酵母不容易溶解，因此要先退冰成常溫。

2 混合粉類

將A的高筋麵粉、砂糖及鹽放入保鮮盒中混合，用刮板大致將其拌勻。

3 將牛奶液倒入麵粉中

當酵母完全沉入牛奶液中後，以畫圓的方式將80%的牛奶液倒入**2**的麵粉中。

製作麵團

4

以刮板攪拌

以刮板用切拌的方式混合粉類及牛奶液。

5

加入剩下的牛奶液

攪拌均勻後，再將剩下的牛奶液倒在仍有粉粒殘留的地方。

6

繼續用刮板攪拌

繼續用刮板切拌，快速地混合麵粉及牛奶液。

7
用手揉捏成一團

最後用手將麵團揉捏成一團。

揉成一團的狀態。容器中幾乎沒有殘留的麵粉及水分。

8
放上奶油

將奶油剝成塊狀，放在揉好的麵團上。

9
將奶油揉入麵團中

用刮板以切拌的方式將奶油拌入麵團中，接著再用手以拉扯的方式揉麵，使奶油更加融入麵團。

一開始奶油不容易混入麵團裡，所以要先用刮板以切拌的方式混合。

進行發酵

10
揉成一團

當麵團充分和奶油融合，帶點光澤感時就可以將麵團揉成一團。

11
放入冰箱中冷藏

將保鮮盒蓋上蓋子，放入冰箱冷藏。在7℃的環境中靜置大約8小時，發酵的麵團會膨脹至1.5～2倍大。

＊先在室溫中放置20分鐘左右再放進冰箱會更容易發酵。

麵團每天重新滾圓一次，就可以在冰箱中保存5天（有加蛋的麵團為3天）。

12
取出麵團

取出麵團切出想吃的分量，再將剩下的麵團重新滾圓放回冰箱中保存。

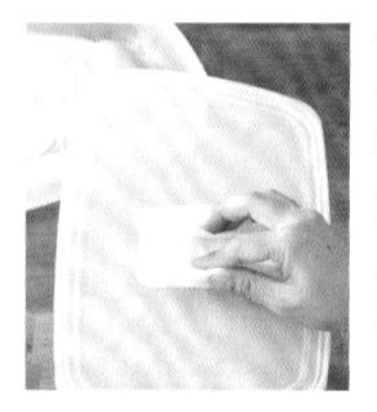

切割麵團時可以利用容器的蓋子，十分方便。不過，發酵時會有水珠附著在蓋子上，請先用廚房紙巾將水分擦乾後再使用。

切割烘烤

13

切割

用刮板切割成喜歡的形狀和大小，並將切好的麵團排放在鋪有烘焙紙的烤盤上。

＊將切好的麵團放在烤盤上靜置15～20分鐘，讓麵團繼續發酵，就能烤出更加鬆軟的麵包。

在盒蓋（或平台）撒上高筋麵粉後，再放上從盒中取出的麵團。

14

烘烤

使用烤箱的話，先將烤箱預熱至180℃，烘烤15分鐘。小烤箱則不需要預熱，只要以1200W烘烤8分鐘。使用電烤爐的話請用小火烤5分鐘，烘烤過程中蓋上鋁箔紙。

使用小烤箱不僅不需要預熱，烘烤時間也相對短。使用電烤爐烘烤時要鋪一層鋁箔紙（不沾黏的類型），烘烤過程中觀察一下，看起來快要燒焦時蓋上鋁箔紙。

15

烘烤完成

烤好之後放在網架上冷卻。

隨切隨烤麵包的
美味吃法

鬆軟的隨切隨烤麵包
簡易食譜

鬆軟又帶有奶油風味的麵包，
味道簡單樸實。
雖然直接吃就很好吃了，
但是再稍微加工一下可以讓美味更升級。
本篇將介紹適合當作
正餐或點心的簡單食譜。

搭配湯品一起享用！

配料豐富的蔬菜湯配上現烤麵包，
就是一頓簡便的早餐或午餐。

色彩繽紛的切面令人食指大動！
滿滿的蔬菜讓三明治充滿豐富的口感

厚切三明治

材料（2個份）

基本隨切隨烤麵團（參照p.10）…300g
火腿（薄片）…5片
荷包蛋…2顆份
萵苣…4片
胡蘿蔔…1小條
鹽…少許
橄欖油…少許
美乃滋…1大匙

作法

1 將胡蘿蔔切成細絲後撒上鹽，醃漬一晚之後加入橄欖油及美乃滋拌勻。

2 撒上高筋麵粉（分量外），取出麵團切成2個邊長15cm的方形。切好之後排放在鋪有烘焙紙的烤盤上，放入預熱至180℃的烤箱中烘烤15分鐘。

3 麵包不燙手後橫向對切，夾入**1**、火腿片、荷包蛋、撕成方便入口大小的萵苣，用兩層保鮮膜包緊，連同保鮮膜將三明治切半。

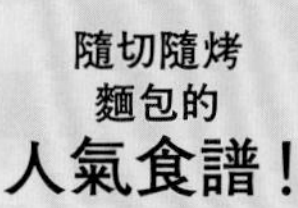

製作重點是將麵包放入蛋液中
浸泡一晚，充分吸收！

法式吐司

材料（2～3人份）

基本隨切隨烤麵包（參照p.10）…5個
蛋…1顆
砂糖…2大匙
牛奶…100g
香草油（有的話）…數滴
奶油…適量

作法

1 將麵包切成薄片。

2 將蛋、砂糖、牛奶、香草油放入保鮮盒中攪拌混合，接著放入麵包裹滿蛋液，放入冰箱中冷藏一晚。

3 將奶油放在燒熱的平底鍋上融化，放入麵包，將表面煎至酥脆後再翻面繼續煎。

4 盛入器皿中，依喜好撒上糖粉、淋上楓糖漿。

在現烤麵包上
塗上滿滿喜愛的果醬和奶油

奶油果醬麵包

材料（容易製作的分量）
基本隨切隨烤麵包（參照p.10）…3個
果醬（喜歡的口味）…3小匙
奶油（含鹽）…3小匙

作法

1 將麵包橫向對切。

2 將果醬及奶油均分放到麵包上。

用隨切隨烤
麵包
做早餐

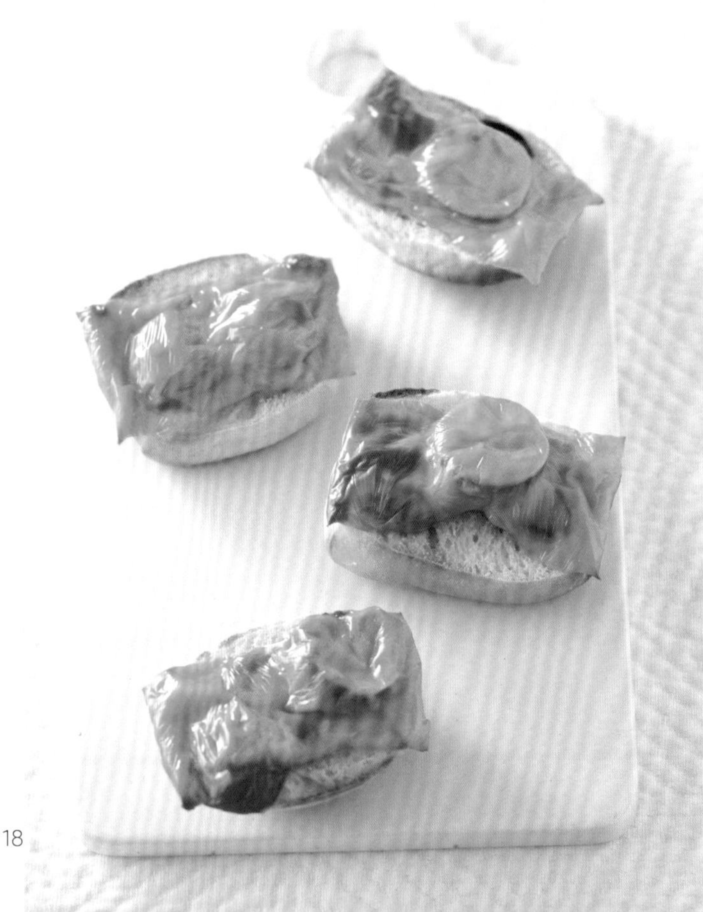

用香腸、小番茄、起司
製作簡易披薩風麵包

披薩吐司

材料（容易製作的分量）
基本隨切隨烤麵包（參照p.10）…3個
小番茄…3顆
小香腸…3條
會融化的起司…適量

作法

1 將小香腸及小番茄切成方便入口的大小。

2 將麵包橫向對切。切面朝上排放在烤盤上。

3 將小香腸、小番茄、起司放在麵包上，以小烤箱（1200W）烘烤5分鐘。

小朋友的小手也能輕鬆拿取的麵包棒。
也很推薦當作副食品！

小朋友麵包棒

材料（容易製作的分量）
基本隨切隨烤麵團
（參照p.10）…100g

作法

1 撒上高筋麵粉（分量外），取出麵團。麵團表面也撒上高筋麵粉，以擀麵棍將麵團擀成7㎜厚，再切成10cm長、1.5cm寬的長條狀。

2 將切好的麵團排列在鋪有烘焙紙的烤盤上，以小烤箱（1200W）烘烤8分鐘。

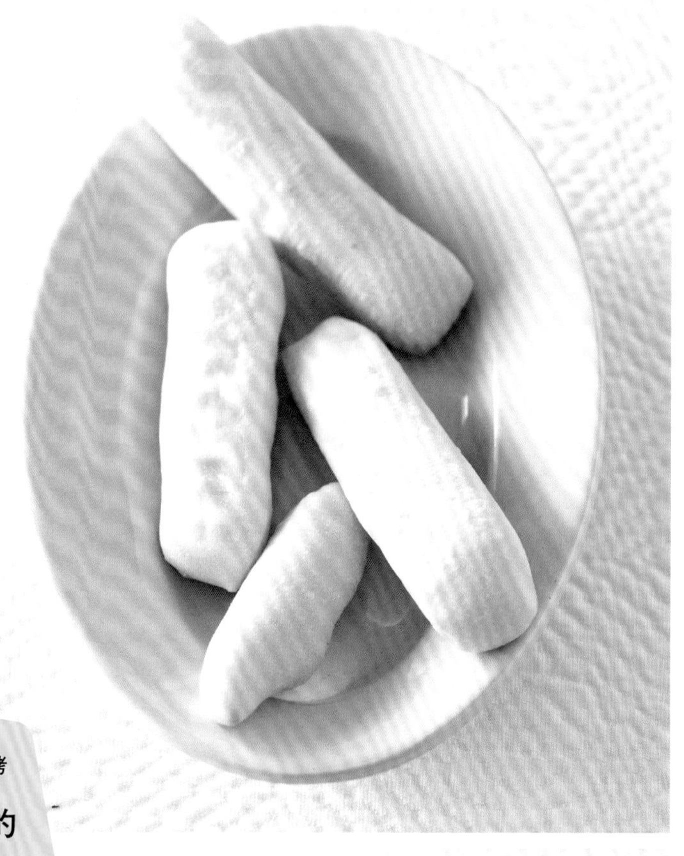

用隨切隨烤
麵包製作
孩子們的
點心

切成長條再捲成漩渦狀！
賞心悅目的點心麵包。

砂糖麵包卷

材料（4個份）
基本隨切隨烤麵團
（參照p.10）…100g
奶油…15g
砂糖…20g

作法

1 撒上高筋麵粉（分量外），取出麵團。麵團表面也撒上高筋麵粉，以擀麵棍將麵團擀成5㎜厚，再切成15cm長，1cm寬的長條狀。

2 將切好的麵團捲成4個漩渦狀的麵團，排列在鋪有烘焙紙的烤盤上。在麵團上面放上剝成小塊的奶油，撒上砂糖，以小烤箱（1200W）烘烤7分鐘。

用隨切隨烤
麵包製作
待客點心

淋上市售的白醬烤一烤
完成一道豐盛的點心！

焗烤麵包

材料（容易製作的分量）

基本隨切隨烤麵包
（參照p.10）…4個
白醬（市售）…290g
披薩用起司…150g
荷蘭芹（切碎）…適量

作法

1 將麵包切成一口大小，鋪在耐熱的烤皿中。

2 淋入白醬，撒上披薩用起司，再撒上荷蘭芹。

3 以小烤箱（1200W）烘烤12分鐘左右，將乳酪表面烤出焦脆感。

黑胡椒與大蒜的迷人風味
令人意猶未盡

黑胡椒蒜香點心棒

材料（容易製作的分量）
基本隨切隨烤麵團（參照p.10）…100g
粗粒黑胡椒…適量
大蒜粉…適量

作法

1 撒上高筋麵粉（分量外），取出麵團。麵團表面也撒上高筋麵粉（分量外），以擀麵棍將麵團擀成5㎜厚，接著撒上黑胡椒及大蒜粉。

2 以擀麵棍將調味料壓入麵團中，並再稍微將麵團延展。切成5㎜厚之後，用手來回滾動麵團，一邊扭轉一邊將麵團拉成20㎝長。

3 將麵團排放在鋪有烘焙紙的烤盤上，以小烤箱（1200W）烘烤8分鐘，將麵團烤至酥脆。

能充分享受到
爽脆口感的麵包丁

砂糖奶油脆餅

材料（容易製作的分量）
基本隨切隨烤麵包（參照p.10）…5個
奶油…50g
砂糖…30g

作法

1 將麵包切成1㎝丁狀，排放在鋪有烘焙紙的烤盤上。放入預熱至170℃的烤箱中烘烤大約15分鐘，稍微放涼。

2 趁麵包丁還是溫熱的時候放入耐熱塑膠袋中，加入奶油及砂糖，待整體融合在一起之後，隔著袋子揉捏麵包。

3 再將麵包丁放到烤盤上，以170℃的烤箱烘烤20分鐘，將其烤至酥脆。

實用Q & A

Q 可以使用家裡現有的保鮮盒嗎？

A 建議使用底部平坦且寬，有附蓋的盒子

本書的常備麵團是在保鮮盒中製作完成後直接放入冰箱發酵、保存的麵團。寬廣平整的盒底比較便於使用刮板攪拌麵團，也更好作業。此外，盒蓋除了保存功能外，切割麵團時也能使用。

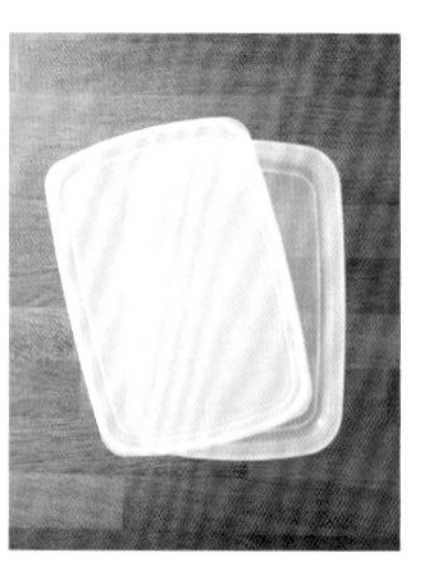

Q 沒有刮板也可以製作嗎？

A 使用橡膠刮刀等和麵，再用刀子或披薩刀切割也OK！

攪拌時可以使用橡膠刮刀或是湯匙，切割則是可以用刀子或披薩刀替代。不過，一個刮板就兼具了攪拌及切割的功能，不僅不占空間，價格也很平易近人，準備一個放家裡很方便喔。

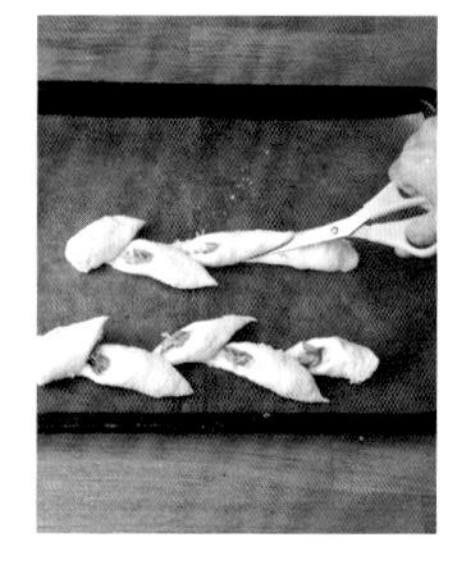

Q 可以使用含鹽奶油嗎？

A 可依喜好選擇自己喜歡的奶油

一般認為，使用無鹽奶油會有比較棒的香氣。不過，要塗在烤麵包上的話反而是含鹽奶油比較好吃。通常很難在家常備兩種奶油，所以不用在意奶油有沒有含鹽，只要用家裡現有的那種就可以了。奶油內的含鹽量其實不多，即使是用含鹽奶油，鹹味也不會很明顯，一樣也能烤出好吃的麵包喔！

Q 可以用低筋麵粉做麵包嗎？

A 不行，請務必使用高筋麵粉

雖然一樣是麵粉，但是低筋麵粉和高筋麵粉的麩質含量是不一樣的。製作麵包要用麩質含量高，能做出麵團黏性強的高筋麵粉。低筋麵粉則是適合製作蛋糕及餅乾等點心。買回來的麵粉如果有換到容器中存放，可以貼上標籤，才能清楚區別高筋和低筋麵粉。

Part 2

冰箱常備 隨切隨烤 餐包

本篇介紹的是沒有甜味，適合在正餐享用的麵包。
像是混入南瓜、菠菜等蔬菜的麵包，
或是加了米粉和裸麥粉的麵包，
也有烤得硬脆的硬麵包，
以及雞蛋熱狗麵包等各種變化！

麵團中揉入搗成泥的南瓜，
柔和的甜味也很受孩子們喜愛！

南瓜麵包

材料（40g・17個份）

A （保鮮盒）
- 高筋麵粉…400g
- 砂糖…20g
- 鹽…4g

B （缽盆）
- 南瓜（蒸過壓成泥）*…120g
- 牛奶（退冰至常溫）…140g
- 水…80g
- 速發乾酵母…4g

奶油（置於室溫中回軟）…20g

＊也可以使用冷凍南瓜。

作法

製作麵團

1 參照p.10～15的作法製作麵團。將B的牛奶及水倒入缽盆中混合，接著撒入酵母，酵母沉入盆底後，預留十分之一份的牛奶液，其餘倒入南瓜泥中攪拌混合（a）。觀察南瓜泥的狀況，水分太少的話可以加入剛剛預留的牛奶液混合。另外將A放入保鮮盒中混合均勻。

2 保鮮盒中的粉類攪拌均勻後，將缽盆中的牛奶液加入攪拌混合，揉成麵團。加入奶油繼續攪拌揉捏，直到出現光澤感。

3 將麵團整成方形收入保鮮盒中，蓋上蓋子放進冰箱冷藏，靜置大約8小時進行發酵。
＊麵團每天重新滾圓一次就可以在冰箱中保存5天。

切割

4 撒上高筋麵粉（分量外）之後，取出麵團，切成三角形（b）。切好之後排放在鋪有烘焙紙的烤盤上。

烘烤

5 請參考以下基準烘烤。
- **烤箱**…預熱至180℃後烘烤15分鐘。
- **小烤箱**…不用預熱，以1200W烘烤8分鐘。
- **電烤爐**…以小火烤5分鐘，烤到一半再蓋上鋁箔紙繼續烤。

製作麵團（a）

在南瓜泥中分次慢慢加入牛奶液攪拌混合。

切割（b）

從邊緣縱切，再對半斜切成三角形。

切成
三角形

可以撕成小塊吃的
鬆軟番茄麵包

番茄手撕麵包

材料（15×15cm・2個份）

A （保鮮盒）
- 高筋麵粉…400g
- 鹽…4g

B （缽盆）
- 番茄汁（無鹽）…260g
- 速發乾酵母…4g

橄欖油…20g

製作麵團（a）

將乾酵母撒入番茄汁中泡開。

切割（b）

如照片所示，直接在盒中切割也可以。

作法

可保存5天

製作麵團

1 參照p.10～15的作法製作麵團。將B的番茄汁倒入缽盆中，接著撒入酵母（a）。另外將A放入保鮮盒中混合均勻。

2 保鮮盒中的粉類攪拌均勻後，將缽盆中的番茄液加入攪拌混合，揉成麵團。加入橄欖油繼續攪拌揉捏直到出現光澤感。

3 將麵團整成方形收入保鮮盒中，蓋上蓋子放進冰箱冷藏，靜置大約8小時進行發酵。
＊麵團每天重新滾圓一次就可以在冰箱中保存5天。

切割

4 撒上高筋麵粉（分量外）後，從盒中取出麵團，將麵團整形成邊長15cm的正方形，再切成9等分（b）。切好之後將麵團緊靠在一起，排放在鋪有烘焙紙的烤盤上。

烘烤   

5 請參考以下基準烘烤。
- **烤箱**…預熱至180℃後烘烤20分鐘。
- **小烤箱**…不用預熱，以1200W烘烤15分鐘。
- **電烤爐**…以小火烤12分鐘，烤到一半再蓋上鋁箔紙繼續烤。

用蔬菜汁輕鬆做！
當作小朋友的點心也很合適

蔬菜麵包棒

材料（7×1.5cm・32根份）

A （保鮮盒）
- 高筋麵粉…400g
- 鹽…4g

B （缽盆）
- 蔬菜汁…280g
- 速發乾酵母…4g

切割（a）

切成7cm的短棒狀，讓小朋友也方便用小手握著吃。

作法

可保存5天

製作麵團

1 參照p.10～15的作法製作麵團。將B的蔬菜汁倒入缽盆中，接著撒入酵母（a）。另外將A放入保鮮盒中混合均勻。

2 保鮮盒中的粉類攪拌均勻後，將缽盆中的蔬菜液加入攪拌混合，揉成麵團。將麵團整成方形收入保鮮盒中，蓋上蓋子放進冰箱冷藏，靜置大約8小時進行發酵。
＊麵團每天重新滾圓一次就可以在冰箱中保存5天。

切割

3 撒上高筋麵粉（分量外）後從盒中取出麵團，麵團表面也撒上高筋麵粉，用擀麵棍擀成7㎜厚，接著切成7×1.5cm的棒狀（a），排放在鋪有烘焙紙的烤盤上。
＊可依喜好在室溫中放置大約20分鐘再發酵，烤出更加鬆軟的麵包。

烘烤

4 請參考以下基準烘烤。
- **烤箱**…預熱至180℃後烘烤15分鐘。
- **小烤箱**…不用預熱，以1200W烘烤7分鐘。
- **電烤爐**…以小火烤5分鐘，烤到一半再蓋上鋁箔紙繼續烤。

麵團中加了美乃滋吃起來更香醇，
再配上培根增添風味！

美乃滋麵包

材料（40g・17個份）

A （保鮮盒）
- 高筋麵粉…400g
- 砂糖…20g
- 鹽…2g

B （缽盆）
- 牛奶（退冰至常溫）…200g
- 水…60g
- 速發乾酵母…4g

美乃滋…40g

〈配料〉

培根（切絲）…1片

荷蘭芹（切碎）…適量

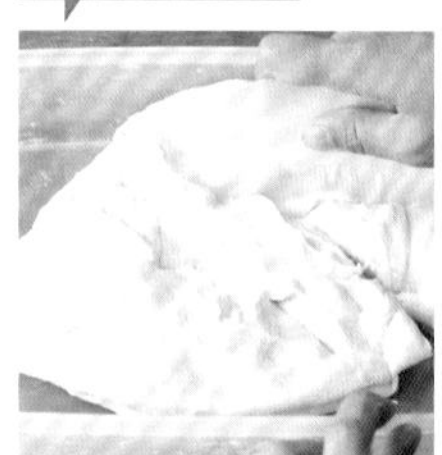

製作麵團（a）

將美乃滋放在麵團上，用刮板以切拌的方式混合。

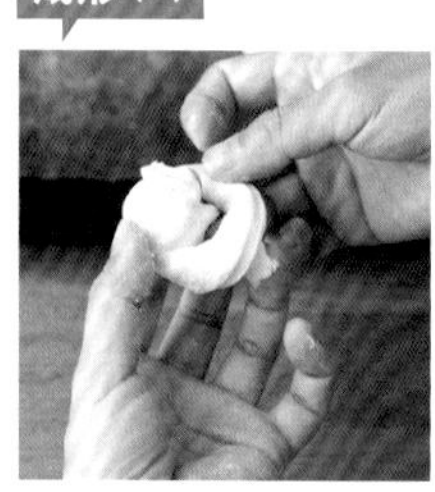

成形（b）

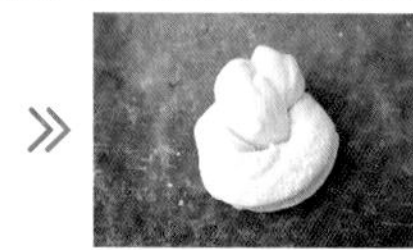

將條狀麵團打成一個圓圓的結。

作法

製作麵團

1 參照p.10～15的作法製作麵團。將B的牛奶和水倒入缽盆中混合，接著撒入酵母。另外將A放入保鮮盒中混合均勻。

2 保鮮盒中的粉類攪拌均勻後，將缽盆中的牛奶液加入攪拌混合，揉成麵團。加入美乃滋繼續攪拌揉捏（a），直到出現光澤感。

3 將麵團整成方形收入保鮮盒中，蓋上蓋子放進冰箱冷藏，靜置大約8小時進行發酵。
＊麵團每天重新滾圓一次就可以在冰箱中保存5天。

切割～成形

4 撒上高筋麵粉（分量外）後取出麵團，麵團表面也撒上高筋麵粉，用擀麵棍擀成7mm厚，接著切成7cm長的條狀，將條狀麵團打結，結的兩端封在麵團底部，將麵團調整成圓球狀（b）。

5 將成形的麵團排放在鋪有烘焙紙的烤盤上，放上培根及荷蘭芹。
＊可依喜好在室溫中放置大約20分鐘再發酵，烤出更加鬆軟的麵包。

烘烤

6 請參考以下基準烘烤。
- **烤箱**…預熱至180℃後烘烤15分鐘。
- **小烤箱**…不用預熱，以1200W烘烤8分鐘。
- **電烤爐**…以小火烤5分鐘，烤到一半再蓋上鋁箔紙繼續烤。

切成條狀
再打
一個結

清爽的孜然香氣
讓人食慾大振

咖哩孜然麵包

材料（直徑5cm・24個份）

A **（保鮮盒）**
- 高筋麵粉…400g
- 砂糖…20g
- 鹽…4g
- 咖哩粉…1小匙
- 孜然…2小匙

B **（缽盆）**
- 牛奶（退冰至常溫）…160g
- 水…120g
- 速發乾酵母…4g

〈配料〉
起司粉…適量

製作麵團（a）

將高筋麵粉、咖哩粉、孜然混合，以刮板攪拌。

切割（b）

將捲起來的麵團切塊，排放在烤盤上。

作法

可保存 5天

製作麵團

1 參照p.10～15的作法製作麵團。將A放入保鮮盒中混合（**a**），接著加入在缽盆中混合好的B攪拌，混合均勻後揉成一團。

2 將麵團整成方形收入保鮮盒中，蓋上蓋子放進冰箱冷藏，靜置大約8小時進行發酵。
＊麵團每天重新滾圓一次就可以在冰箱中保存5天。

切割～成形

3 撒上高筋麵粉（分量外），從盒中取出麵團，將表面也撒上高筋麵粉，用擀麵棍擀成5㎜厚，從靠近身體這側往前捲起。

4 從最底端開始切割成1.5cm寬的麵團，切好之後排放在鋪有烘焙紙的烤盤上（**b**），撒上起司粉。
＊可依喜好在室溫中放置大約20分鐘再發酵，烤出更加鬆軟的麵包。

烘烤   

5 請參考以下基準烘烤。
- **烤箱**…預熱至180℃後烘烤15分鐘。
- **小烤箱**…不用預熱，以1200W烘烤8分鐘。
- **電烤爐**…以小火烤5分鐘，烤到一半再蓋上鋁箔紙繼續烤。

充滿奶油香氣的
鹽味麵包

鹽味奶油麵包

材料（40g・17個份）

A （保鮮盒）
- 高筋麵粉…400g
- 砂糖…20g
- 鹽…4g

B （缽盆）
- 牛奶（退冰至常溫）…200g
- 水…80g
- 速發乾酵母…4g

奶油
（切成5㎜丁狀後冷藏備用）…60g

製作麵團（a）

不用將奶油完全揉進麵團中，大致混合到有奶油塊殘留的程度即可。

作法　可保存5天

製作麵團

1 參照p.10～15的作法製作麵團。將B的牛奶及水倒入缽盆中混合，接著撒入乾酵母。另外將A放入保鮮盒中混合均勻。

2 保鮮盒中的粉類攪拌均勻後，將缽盆中的牛奶液加入攪拌混合，揉成麵團。

3 加入奶油切拌混合。將殘留奶油塊狀態的麵團（a）折成方形，放入保鮮盒中，蓋上蓋子。放進冰箱冷藏，靜置大約8小時進行發酵。
＊麵團每天重新滾圓一次就可以在冰箱中保存5天。

切割

4 撒上高筋麵粉（分量外）後，取出麵團，切成三角形。切好之後排放在鋪有烘焙紙的烤盤上。

烘烤   

5 請參考以下基準烘烤。
- **烤箱**…預熱至180℃後烘烤15分鐘。
- **小烤箱**…不用預熱，以1200W烘烤8分鐘。
- **電烤爐**…以小火烤5分鐘，烤到一半再蓋上鋁箔紙繼續烤。

加入滿滿菠菜的健康麵包，
撒上起司粉烘烤風味更佳

菠菜麵包

材料（40g・17個份）

A （保鮮盒）
- 高筋麵粉…400g
- 砂糖…20g
- 鹽…4g

B （缽盆）
- 菠菜（水煮後確實擠乾再切碎）*…120g
- 牛奶（退冰至常溫）…120g
- 水…120g
- 速發乾酵母…4g

橄欖油…20g

〈配料〉

起司粉…適量

＊使用冷凍菠菜也可以。

作法

製作麵團

1 參照p.10～15的作法製作麵團。將B的牛奶和水倒入缽盆中混合，撒入乾酵母，待酵母都沉入缽盆底後，加入切碎的菠菜攪拌混合。另外將A放入保鮮盒中混合均勻。

2 保鮮盒中的粉類攪拌均勻後，將缽盆中的菠菜牛奶液加入（a）攪拌混合（b），揉成麵團。

3 加入橄欖油攪拌直到出現光澤感。將麵團整成方形後收入保鮮盒中，蓋上蓋子放進冰箱冷藏，靜置大約8小時進行發酵。

＊麵團每天重新滾圓一次就可以在冰箱中保存5天。

切割

4 撒上高筋麵粉（分量外）後取出麵團，切成正方形（c），將其排放在鋪有烘焙紙的烤盤上，撒上起司粉。

烘烤

5 請參考以下基準烘烤。
- **烤箱**…預熱至180℃後烘烤15分鐘。
- **小烤箱**…不用預熱，以1200W烘烤8分鐘。
- **電烤爐**…以小火烤5分鐘，烤到一半再蓋上鋁箔紙繼續烤。

製作麵團（a）

一口氣加入全部的菠菜牛奶液。

製作麵團（b）

以刮板切拌混合至沒有粉粒殘留的狀態，最後再用手揉捏成一團。

切割（c）

除了正方形外，也能切成三角形、棒狀等喜歡的形狀和大小。

切成正方形等
喜歡的形狀

麵團中加入馬鈴薯
增加Q彈口感

馬鈴薯佛卡夏

材料（20×15cm・2個份）

A （保鮮盒）
- 高筋麵粉…400g
- 砂糖…20g
- 鹽…4g

B （缽盆）
- 馬鈴薯（蒸過後壓成泥）…120g
- 牛奶（退冰至常溫）…100g
- 水…120g
- 速發乾酵母…4g

橄欖油…20g

〈配料〉

橄欖油…適量

迷迭香（乾燥・有的話）…適量

岩鹽…適量

製作麵團（a）

先將馬鈴薯泥和牛奶等液體混合後再加入粉類中。

作法

可保存5天

製作麵團

1 參照p.10～15的作法製作麵團。將B的牛奶及水倒入缽盆中混合，接著撒入酵母。酵母完全沉入缽盆底後加入馬鈴薯泥中攪拌混合（a）。另外將A放入保鮮盒中混合均勻。

2 保鮮盒中的粉類攪拌均勻後，將缽盆中的牛奶液加入攪拌混合，揉成麵團。

3 加入橄欖油攪拌直到出現光澤感。將麵團整成方形收入保鮮盒中，蓋上蓋子放進冰箱冷藏，靜置大約8小時進行發酵。

＊麵團每天重新滾圓一次就可以在冰箱中保存5天

切割～成形

4 撒上高筋麵粉（分量外）後，取出麵團切半。

5 將麵團排放在鋪有烘焙紙的烤盤上，淋上橄欖油。用指尖沾取橄欖油後在麵團上戳洞。撒上岩鹽，如果有迷迭香也可以撒上。

烘烤   

6 請參考以下基準烘烤。
- **烤箱**…預熱至180℃後烘烤20分鐘。
- **小烤箱**…不用預熱，以1200W烘烤15分鐘。
- **電烤爐**…以小火烤10分鐘，烤到一半再蓋上鋁箔紙繼續烤。

濃醇的起司香氣
讓人忍不住一個接一個

起司麵包

材料（40g・17個份）

A （保鮮盒）
- 高筋麵粉…400g
- 砂糖…20g
- 鹽…4g
- 起司粉…2大匙

B （缽盆）
- 牛奶（退冰至常溫）…160g
- 水…120g
- 速發乾酵母…4g

奶油（置於室溫中回軟）…20g

製作麵團（a）

在高筋麵粉中加入起司粉，做成起司風味的麵團。

作法

可保存5天

製作麵團

1 參照p.10～15的作法製作麵團。將B的牛奶及水倒入缽盆中混合，接著撒入酵母。另外將A放入保鮮盒中混合均勻（**a**）。

2 保鮮盒中的粉類攪拌均勻後，將缽盆中的牛奶液加入攪拌混合，揉成麵團。

3 加入奶油攪拌直到出現光澤感。將麵團整成方形收入保鮮盒中，蓋上蓋子放進冰箱冷藏，靜置大約8小時進行發酵。

＊麵團每天重新滾圓一次就可以在冰箱中保存5天。

切割

4 撒上高筋麵粉（分量外）後，取出麵團，切成三角形。切好之後排放在鋪有烘焙紙的烤盤上。

烘烤

5 請參考以下基準烘烤。
- **烤箱**…預熱至180℃後烘烤15分鐘。
- **小烤箱**…不用預熱，以1200W烘烤8分鐘。
- **電烤爐**…以小火烤5分鐘，烤到一半再蓋上鋁箔紙繼續烤。

在以許多雞蛋製成的鬆軟麵包中
夾入喜歡的配料享用吧！

雞蛋熱狗麵包

材料（40g・17個份）

A （保鮮盒）
- 高筋麵粉…400g
- 砂糖…20g
- 鹽…4g

B （缽盆）
- 雞蛋4顆＋牛奶（退冰至常溫）…280g
- 速發乾酵母…4g

奶油（置於室溫中回軟）…20g

製作麵團（a）

雞蛋的重量各有差異，所以要先將蛋打入缽盆中，再加入牛奶將總重量補至280g。

切割（b）

用刮板切割成長方形。尾端不是長方形也沒關係。

作法

製作麵團

1 參照p.10～15的作法製作麵團。將B的蛋及牛奶倒入缽盆中混合後（a），撒入酵母。另外將A放入保鮮盒中混合均勻。

2 保鮮盒中的粉類攪拌均勻後，將缽盆中的牛奶液加入攪拌混合，揉成麵團。

3 加入奶油攪拌直到出現光澤感。將麵團整成方形收入保鮮盒中，蓋上蓋子放進冰箱冷藏，靜置大約8小時進行發酵。

＊麵團每天重新滾圓一次就可以在冰箱中保存3天左右。

切割

4 撒上高筋麵粉（分量外）後，取出麵團，切成7×3㎝的長方形（b）。切好之後排放在鋪有烘焙紙的烤盤上。

烘烤

5 請參考以下基準烘烤。可以夾入喜歡的配料來享用。
- **烤箱**…預熱至180℃後烘烤15分鐘。
- **小烤箱**…不用預熱，以1200W烘烤8分鐘。
- **電烤爐**…以小火烤5分鐘，烤到一半再蓋上鋁箔紙繼續烤。

熱狗堡的作法

在雞蛋熱狗麵包上切出開口，夾入煎得焦香的熱狗及萵苣，再淋上番茄醬，依喜好也可以塗上顆粒芥末醬。

切成
長方形

烤得外脆內軟的麵包，
搭配岩鹽和橄欖油美味更升級！

岩鹽麵包

材料（40g・17個份）

A（保鮮盒）
- 高筋麵粉…400g
- 砂糖…12g
- 鹽…4g

B（缽盆）
- 水…280g
- 速發乾酵母…4g

〈配料〉
岩鹽…適量
橄欖油…適量

作法

製作麵團

1 參照p.10～15的作法製作麵團。將B的水倒入缽盆中，接著撒入酵母。另外將A放入保鮮盒中混合均勻。

2 保鮮盒中的粉類攪拌均勻後，將缽盆中的酵母水加入攪拌混合，揉成麵團。

3 將麵團整成方形收入保鮮盒中，蓋上蓋子放進冰箱冷藏，靜置大約8小時進行發酵。
＊麵團每天重新滾圓一次就可以在冰箱中保存5天。

切割

4 撒上高筋麵粉（分量外）後取出麵團，切成8×5㎝的長方形（a）。接著在表面撒上高筋麵粉，用料理剪刀剪出開口（b）。

5 切好之後排放在鋪有烘焙紙的烤盤上，撒上岩鹽，淋上橄欖油（c）。

烘烤

6 請參考以下基準烘烤。
・**烤箱**…預熱至250℃後烘烤15分鐘。
・**小烤箱**…不用預熱，以1200W烘烤8分鐘。
・**電烤爐**…以中火烤5分鐘，烤到一半再蓋上鋁箔紙繼續烤。

切割（a）

以刮板將麵團盡量切成等分的長方形。

切割（b）

用料理剪刀在麵團表面剪出開口。剪開的部分可以烤出香脆的口感。

配料（c）

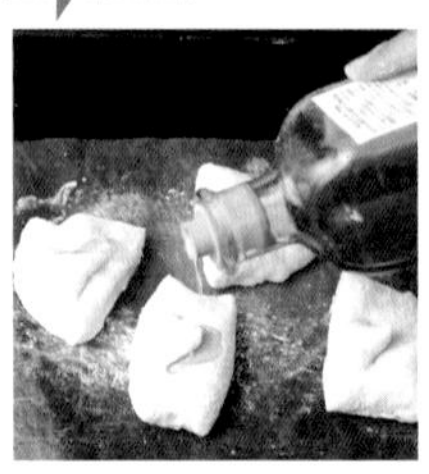

麵團本身滋味單純，所以加了岩鹽和橄欖油提味。

切成方形
並剪出開口

在麵粉中加入米粉
增添Q彈口感！

米麵包

材料（40g・17個份）

A （保鮮盒）

- 高筋麵粉…360g
- 米粉…40g
- 砂糖…20g
- 鹽…4g

B （缽盆）

- 豆漿（退冰至常溫）…160g
- 水…120g
- 速發乾酵母…4g

製作麵團（a）

在高筋麵粉中加入米粉，增添Q彈的口感。

作法

製作麵團

1 參照p.10～15的作法製作麵團。將**B**倒入缽盆中混合。另外將**A**放入保鮮盒中混合均勻（**a**）。

2 保鮮盒中的粉類攪拌均勻後，將缽盆中的豆漿液加入攪拌混合，揉成麵團。

3 將麵團整成方形收入保鮮盒中，蓋上蓋子放進冰箱冷藏，靜置大約8小時進行發酵。
＊麵團每天重新滾圓一次就可以在冰箱中保存5天左右。

切割

4 撒上高筋麵粉（分量外）後，取出麵團，切成三角形。切好之後排放在鋪有烘焙紙的烤盤上。

烘烤   

5 請參考以下基準烘烤。
- **烤箱**…預熱至250℃的烤箱烘烤15分鐘。
- **小烤箱**…不用預熱，以1200W烘烤8分鐘。
- **電烤爐**…以中火烤5分鐘，烤到一半再蓋上鋁箔紙繼續烤。

加入裸麥及優格，帶點微酸，
是款健康取向的美味麵包

裸麥麵包

材料（40g・17個份）

A （保鮮盒）

- 高筋麵粉…320g
- 裸麥粉…80g
- 砂糖…20g
- 鹽…4g

B （缽盆）

- 原味優格*（無糖）…80g
- 水…200g
- 速發乾酵母…4g

奶油（置於室溫中回軟）…20g
＊推薦使用希臘優格。

製作麵團（a）

在高筋麵粉中加入富含膳食纖維及鐵質的裸麥粉，美味又健康。

作法

可保存
5天

製作麵團

1 參照p.10～15的作法製作麵團。將**B**的優格及水倒入缽盆中混合，再撒入乾酵母。另外將**A**放入保鮮盒中混合均勻（**a**）。

2 保鮮盒中的粉類攪拌均勻後，將缽盆中的優格液加入攪拌混合，揉成麵團。

3 再加入奶油攪拌直到出現光澤感。將麵團整成方形收入保鮮盒中，蓋上蓋子放進冰箱冷藏，靜置大約8小時進行發酵。
＊麵團每天重新滾圓一次就可以在冰箱中保存5天左右。

切割

4 撒上高筋麵粉（分量外）後，取出麵團，切成三角形。切好之後排放在鋪有烘焙紙的烤盤上。

烘烤   

5 請參考以下基準烘烤。
- **烤箱**…預熱至250℃後烘烤15分鐘。
- **小烤箱**…不用預熱，以1200W烘烤8分鐘。
- **電烤爐**…以中火烤5分鐘，烤到一半再蓋上鋁箔紙繼續烤。

切成
三角形
米麵包
裸麥麵包
切成
三角形

冰箱常備冷藏發酵麵包特別食譜

和小朋友一起動手做，玩麵包！

冰箱裡如果有常備做好的麵團，
就能隨時和小朋友一起體驗做麵包的樂趣！
作業台建議盡量選在桌子或是廚房流理台等寬廣的地方。
可以準備墊腳凳，並且注意周遭環境，
讓孩子可以安全地操作。
當作手粉用的高筋麵粉和放在麵包上的配料
可以放在小朋友可以輕鬆拿取的容器中，
讓製作過程更加簡單順利！
切割麵團對比較小的孩子來說可能會有點困難，
這時候大人可以協助切割，讓小朋友負責
放上配料和一些簡單的成形動作即可。
不用從頭到尾都讓小朋友參與，
只要讓他們操作最輕鬆的部分，
這樣才會玩得開心，不會一下子就感到無聊。
讓孩子們自由發揮創意，自在地做麵包吧。
本篇介紹的是新手也能做得輕鬆又開心的麵包食譜，
請各位一定要試試看喔！

Start!

在作業台上撒上麵粉之後就開始吧！
將麵粉放在撒粉罐中，
小朋友也能輕鬆完成喔。

這裡用的是
「基本隨切隨烤麵團」（參照p.10），
不過使用本書中
任何一種常備
麵團都OK！

將每種配料
分別放到小容器中排好。
可以準備彩椒、橄欖、玉米等，
湊齊各種小朋友喜歡的顏色。

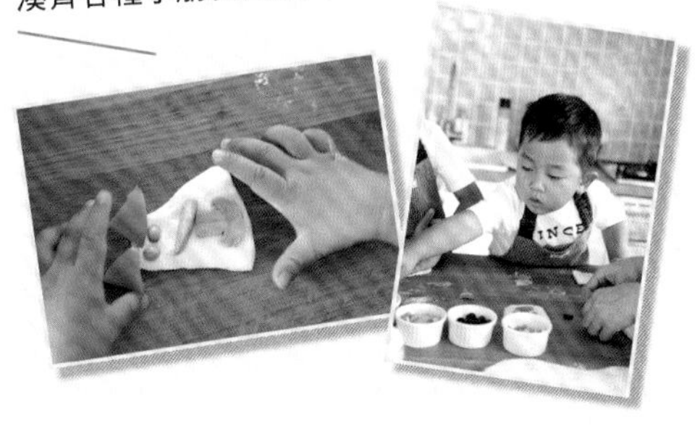

做出好玩又有趣的麵團囉！
趕快烤來吃吧！

可以先在筆記本上畫上一些
自己構想的設計圖。
不過實際操作時還是
別管東管西，
讓小朋友自由發揮吧！

將切成細長形的麵團卷成漩渦狀就完成了！
捲得越大玩得越開心

大漩渦麵包卷

材料（容易製作的分量）

基本隨切隨烤麵團
（參照p.10）…300g
奶油…30g
砂糖…30g

作法

1 撒上高筋麵粉（分量外）後取出麵團，麵團表面也撒上高筋麵粉，用擀麵棍擀成5㎜厚。用披薩刀之類的工具將麵團切成細條狀。不一定要連成長長的一條，很多條短麵團也OK。

2 將麵團放在鋪有烘焙紙的烤盤上，從中心往外捲成漩渦狀。

3 將切成5㎜丁狀的奶油撒在整體麵團上，再撒上砂糖。以預熱至190℃的烤箱烘烤20分鐘。

將麵團當作畫布。
放上色彩繽紛的配料！

塗鴉造型麵包

材料（容易製作的分量）
基本隨切隨烤麵團
（參照p.10）…100g
〈配料〉
小香腸…適量
玉米粒（有的話用生的）…適量
青豆（冷凍）…適量
橄欖…適量
彩椒、櫛瓜…各適量

作法

1 將玉米粒從整根的玉米上削下來。將青豆解凍。

2 橄欖和彩椒都切成小塊，小香腸可以切成圓片或章魚腳的形狀，櫛瓜也切成圓片。

3 撒上高筋麵粉（分量外）後取出麵團，麵團表面也撒上高筋麵粉，用擀麵棍擀成5㎜厚。接著用刮板將麵團切成方形或三角形等想要的形狀，再依喜好放上**1**和**2**的配料作裝飾。

4 做好之後排放在鋪有烘焙紙的烤盤上，參考以下標準烘烤。
・**烤箱**…預熱至180℃後烘烤15分鐘。
・**小烤箱**…不用預熱，以1200W烘烤10分鐘。

實用Q & A

Q 沒有保鮮盒的時候怎麼辦呢？

A 用較厚的塑膠袋也可以喔

想要做很多麵團但是保鮮盒只有一個的話，可以改用塑膠袋來製作和保存麵團。不過，因為會直接隔著塑膠袋揉捏麵團，所以要使用厚一點的塑膠袋才不會破掉。製作麵包麵團的話建議使用0.03㎜厚，尺寸大約20×30cm的塑膠袋。可以在五金雜貨店等商店購買。
做好的麵團可以連同塑膠袋一起放入冰箱冷藏保存，非常方便。

材料
（20×30cm的塑膠袋方便製作的分量）

A
- 高筋麵粉…200g
- 砂糖…10g
- 鹽…3g

B
- 牛奶（退冰至常溫）…100g
- 水…40g
- 速發乾酵母…2g
- 奶油…10g

1

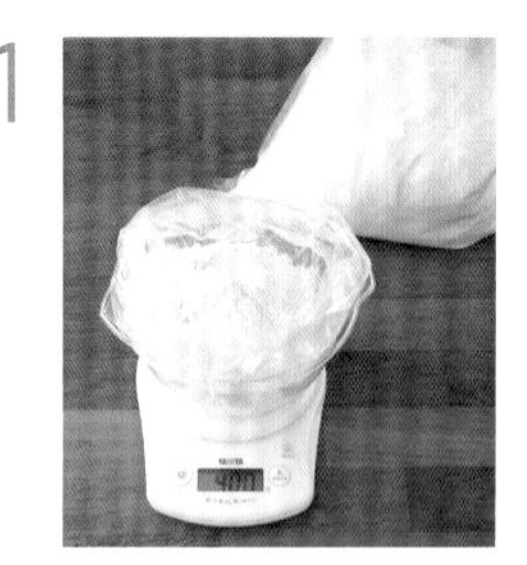

將B的牛奶及水放入缽盆中，再撒入酵母。將A的粉類放入塑膠袋中。可以放在料理秤上，一邊秤重一邊添加材料。

2

在塑膠袋中裝入少許空氣，將開口束起，來回搖晃袋子將粉類混合均勻。

3

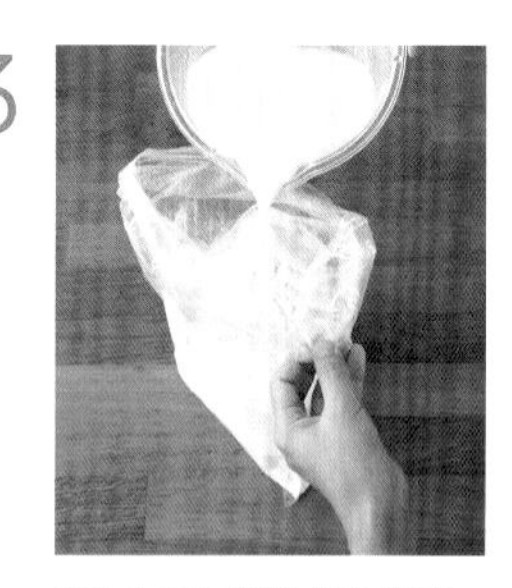

在**2**中倒入80%的牛奶液。

4

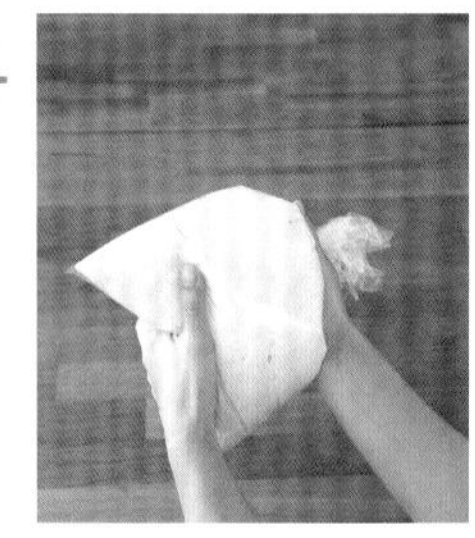

和步驟**2**一樣搖晃袋中粉類和牛奶液。大致混合好再加入剩下的牛奶液繼續混合。

5

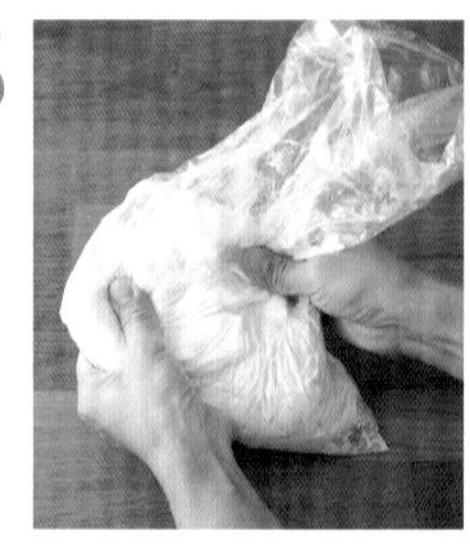

粉類和牛奶液混合好之後加入奶油，隔著塑膠袋揉捏，將奶油混入麵團中。

6

奶油均勻混入麵團中後將袋口綁起來，放入冰箱中冷藏保存。在7℃的環境中冷藏8小時。切割及烘烤方式和基本麵包作法（p.10～15）相同。

Part 3

冰箱常備

隨切隨烤

鹹點麵包

將配料揉進麵團或放在麵團上製成的鹹點麵包，
不論是簡單的製作方式，還是能直接當作
早餐或午餐的便利性都讓人感到開心。
本篇收錄了很受歡迎的咖哩麵包和熱狗麵包，
以及使用平底鍋製作的煎包！
還有許多使用Part 1的基礎麵團
和Part 2的麵團也能製作的麵包喔！

玉米的顆粒感和甜味
令人欲罷不能！

玉米麵包

材料（40g・17個份）

A **（保鮮盒）**
- 高筋麵粉…400g
- 砂糖…12g
- 鹽…4g

B **（缽盆）**
- 牛奶（退冰至常溫）…80g
- 玉米罐頭的湯汁
  （沒有的話就用水）…200g
- 速發乾酵母…4g

奶油（置於室溫中回軟）…20g
玉米粒（整粒）…100g

作法

製作麵團

可保存
5天

1 參照p.10～15的作法製作麵團。將B的牛奶及罐頭湯汁倒入缽盆中混合，接著撒入酵母。另外將A放入保鮮盒中混合均勻。

2 保鮮盒中的粉類攪拌均勻後，將缽盆中的牛奶液加入攪拌混合，揉成麵團。加入奶油攪拌揉捏直到出現光澤感。

3 將玉米加入麵團中，再將麵團對折，切成一半之後將其重疊（a）。一直重複這個動作直到玉米均勻混入麵團中（參照p.72）。將麵團整成方形收入保鮮盒中，蓋上蓋子放進冰箱冷藏，靜置大約8小時進行發酵。
＊麵團每天重新滾圓一次就可以在冰箱中保存5天。

切割

4 撒上高筋麵粉（分量外）後，取出麵團，切成三角形。切好之後排放在鋪有烘焙紙的烤盤上。

烘烤

5 請參考以下基準烘烤。
・**烤箱**…預熱至180℃後烘烤15分鐘。
・**小烤箱**…不用預熱，以1200W烘烤8分鐘。
・**電烤爐**…以小火烤5分鐘，烤到一半再蓋上鋁箔紙繼續烤。

製作麵團（a）

將玉米加入麵團中後，用刮板將麵團切半重疊。重複這個動作直到玉米均勻地混入麵團中。

切成
三角形

將咖哩和會融化的起司
放在麵團上烘烤而成

咖哩麵包

材料（7×7cm・6個份）

美乃滋麵包的麵團
（參照p.28）⋯250g
〈配料〉
咖哩⋯180g
披薩用起司⋯60g

成形（a）

為了不讓中央放配料的地方膨脹起來，所以要用叉子在麵團的3～4處戳洞。

作法　可保存5天

製作麵團

1 參照p.28製作麵團。

切割～成形

2 撒上高筋麵粉（分量外）後取出麵團，麵團表面也撒上高筋麵粉，用擀麵棍擀成5㎜厚，接著切成邊長7㎝的正方形。

3 將切好的麵團排放在鋪有烘焙紙的烤盤上，用叉子在麵團中央戳洞（a），放上等量的咖哩及起司。
＊可依喜好在室溫中放置大約20分鐘再發酵，烤出更加鬆軟的麵包。

烘烤    

4 請參考以下基準烘烤。
・**烤箱**⋯預熱至180℃後烘烤15分鐘。
・**小烤箱**⋯不用預熱，以1200W烘烤8分鐘。
・**電烤爐**⋯以小火烤5分鐘，烤到一半再蓋上鋁箔紙繼續烤。

大家都喜歡的鮪魚麵包作法很簡單！
還能吃到炸洋蔥的酥脆口感

鮪魚麵包

材料（直徑5cm・8個份）

蔬菜麵包棒的麵團
（參照p.27）…250g
鮪魚（稍微擠乾水分）
…2罐（140g）
美乃滋…30g
〈配料〉
炸洋蔥（市售）…40g

成形（a）

在對側預留1cm，其餘部分塗滿餡料後捲起來。

切割（b）

用刮板將捲好的麵團切開，切好之後排放在烤盤上。

作法

可保存
5天

製作麵團

1 參照p.27製作麵團。

切割～成形

2 撒上高筋麵粉（分量外）後取出麵團，麵團表面也撒上高筋麵粉，用擀麵棍擀成5mm厚。將鮪魚和美乃滋拌勻，塗抹在麵團上，麵團對側空下1cm寬的空間（**a**）。接著將麵團從靠近身體這側往對側的方向捲起，捲好之後將開口捏住封好。從底端開始將麵團切成1.5cm寬（**b**）。

3 將切好的麵團排放在鋪有烘焙紙的烤盤上，放上炸洋蔥。
＊可依喜好在室溫中放置大約20分鐘再發酵，烤出更加鬆軟的麵包。

烘烤   

4 請參考以下基準烘烤。
・**烤箱**…預熱至180℃後烘烤15分鐘。
・**小烤箱**…不用預熱，以1200W烘烤8分鐘。
・**電烤爐**…以小火烤5分鐘，烤到一半再蓋上鋁箔紙繼續烤。

將德式香腸包在麵團中
烤出口感十足的大分量鹹點麵包！

德式香腸辮子麵包

材料（長18cm・2條份）

基本隨切隨烤麵團（參照p.10）…200g
德式香腸（粗）…2條

作法

製作麵團

1 參照p.10～15的作法製作麵團。

切割～成形

2 撒上高筋麵粉（分量外）後取出麵團，麵團表面也撒上高筋麵粉，用擀麵棍擀成5mm厚，再將麵團切成15×10cm（**a**）。將香腸放在麵團正中央，將兩側麵團切成間隔1cm的條狀（**b**），用編辮子般的方式將香腸包起來（**c**）。包好之後放在鋪有烘焙紙的烤盤上。

＊可依喜好在室溫中放置大約20分鐘再發酵，烤出更加鬆軟的麵包。

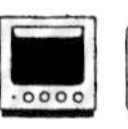

3 請參考以下基準烘烤。

・**烤箱**…預熱至180℃後烘烤15分鐘。
・**小烤箱**…不用預熱，以1200W烘烤12分鐘。
・**電烤爐**…以小火烤7分鐘，烤到一半再蓋上鋁箔紙繼續烤。

切割（a）

將麵團擀成方便包住香腸的5mm厚，再將其切開。

切割（b）

將香腸兩側的麵團切出間隔1cm的刀痕。

成形（c）

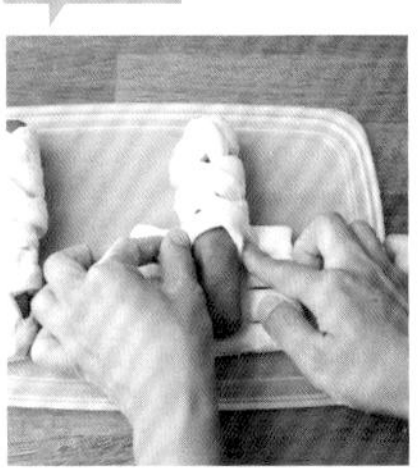

將兩側的麵團交疊在香腸上做成辮子狀。

切成條狀
編成辮子

帶有咖哩辛香的麵團
超適合搭配油潤的培根！

培根麵包卷

材料（直徑5cm・6個份）

咖哩孜然麵包的麵團（參照p.30）…250g
培根…3片（60g）
〈配料〉
美乃滋…適量
荷蘭芹（切碎）…適量

作法

製作麵團

1 參照p.30的作法製作麵團。

切割～成形

2 撒上高筋麵粉（分量外）後取出麵團，麵團表面也撒上高筋麵粉，用擀麵棍擀成5mm厚。將培根排放在麵團上（**a**），接著將麵團從身體這邊往對側的方向捲起（**b**）。捲好之後將開口捏住封好。

3 從底端開始將麵團切成1.5cm寬。切好的麵團排放在鋪有烘焙紙的烤盤上，擠上美乃滋（**c**），撒上荷蘭芹。
＊可依喜好在室溫中放置大約20分鐘再發酵，烤出更加鬆軟的麵包。

烘烤

4 請參考以下基準烘烤。
・**烤箱**…預熱至180℃後烘烤15分鐘。
・**小烤箱**…不用預熱，以1200W烘烤8分鐘。
・**電烤爐**…以小火烤5分鐘，烤到一半再蓋上鋁箔紙繼續烤。

成形（a）

培根太長的話要切成能包進麵團的長度，並且縱向排好。

成形（b）

將麵團往對側方向捲起，並封住開口。

成形（c）

切好之後排放在烤盤上，放上美乃滋及荷蘭芹。

捲入培根
再切開

加入切碎的火腿
增添口感

羅勒起司麵包

材料（40g・6個份）

A （保鮮盒）
- 高筋麵粉…100g
- 砂糖…5g
- 鹽…1g
- 羅勒（乾燥）…½小匙

B （缽盆）
- 牛奶（退冰至室溫）…50g
- 水…20g
- 速發乾酵母…1g

奶油（置於室溫中回軟）…5g
加工起司
（切成5mm丁狀）…50g
火腿（切成5mm丁狀）…5片

將乾燥羅勒均勻地混入麵粉中。

作法

可保存
5天

製作麵團

1 參照p.10～15的作法製作麵團。將A放入保鮮盒中混合均勻（a），再加入混合好的B攪拌混合成麵團。加入奶油攪拌，揉出光澤感。

2 加入起司及火腿，將麵團對折，切成一半再重疊（參照p.72）。重複這個動作直到材料混合均勻，將麵團整成方形收入冰箱冷藏，靜置大約8小時進行發酵。
＊麵團每天重新滾圓一次就可以在冰箱中保存5天左右。

切割

3 撒上高筋麵粉（分量外）後取出麵團，表面也撒上高筋麵粉後切成三角形。切好之後排放在鋪有烘焙紙的烤盤上。

4 請參考以下基準烘烤。
- **烤箱**…預熱至180℃後烘烤15分鐘。
- **小烤箱**…不用預熱，以1200W烘烤8分鐘。
- **電烤爐**…以小火烤5分鐘，烤到一半再蓋上鋁箔紙繼續烤。

以鹽醃牛肉和融化起司
搭配出香濃滋味

鹽醃牛肉卷

材料（直徑5cm・6個份）

起司麵包的麵團
（參照p.35）…250g
鹽醃牛肉…100g
披薩用起司…45g

成形（a）

在擀平的麵團對側預留1cm左右的空間，其餘部分均勻地鋪上牛肉及起司。

作法

可保存
5天

製作麵團

1 參照p.35的作法製作麵團。

成形～切割

2 撒上高筋麵粉（分量外）後取出麵團，麵團表面也撒上高筋麵粉，用擀麵棍擀成5mm厚。依序在麵團上放上牛肉及起司（a），接著將麵團從身體這邊往對側的方向捲起。捲好之後將開口捏住封好。

3 從底端開始將麵團切成1.5cm寬。將切好的麵團排放在鋪有烘焙紙的烤盤上。
＊可依喜好在室溫中放置大約20分鐘再發酵，烤出更加鬆軟的麵包。

烘烤   

4 請參考以下基準烘烤。
・**烤箱**…預熱至180℃後烘烤15分鐘。
・**小烤箱**…不用預熱，以1200W烘烤8分鐘。
・**電烤爐**…以小火烤5分鐘，烤到一半再蓋上鋁箔紙繼續烤。

用平底鍋煎成的
「煎烤風」麵包

金平牛蒡煎包

材料（直徑7cm・4個份）

基本隨切隨烤麵團（參照p.10）…220g
金平牛蒡（市售）…120g
〈裝飾〉
熟白芝麻粒…適量

作法

製作麵團

1 參照p.10～15的作法製作麵團。

切割～成形

2 撒上高筋麵粉（分量外）後取出麵團，麵團表面也撒上高筋麵粉，用擀麵棍擀成5mm厚，切成4塊邊長7cm的正方形。

3 將金平牛蒡放在麵團中央，邊角往中心捏起用麵團裹住金平牛蒡（a）。將形狀稍微捏圓，表面沾上芝麻粒。
＊可依喜好在室溫中放置大約20分鐘再發酵，烤出更加鬆軟的麵包。

烘烤

4 將包好的麵團排放在沒有加油的平底不沾鍋中（b）。蓋上鍋蓋，以小火煎烤，兩面各煎7分鐘，將麵包煎成金黃色（c）。

成形（a）

麵團中央放上金平牛蒡，將麵團的四角往中央集中捏起，包裹餡料。

煎烤（b）

將麵團排列在平底鍋中，蓋上鍋蓋，也可以在煎烤前進行最後發酵。

煎烤（c）

待麵團膨脹，兩面都煎成漂亮的金黃色就完成了。

切成正方形
包入餡料

包進整顆煎餃，讓人嚇一跳的麵包。
煎餃般的外形也很有趣！

煎餃麵包

材料（直徑8cm・4個份）

基本隨切隨烤麵團
（參照p.10）…220g
煎餃（解凍好的冷凍煎餃）
…4個

成形（a）

沿著煎餃的形狀就能包出像煎餃一樣的趣味麵包。

作法

可保存 5天

製作麵團

1 參照p.10～15的作法製作麵團。

切割～成形

2 撒上高筋麵粉（分量外）後取出麵團，麵團表面也撒上高筋麵粉，用擀麵棍擀成5mm厚，切成4塊邊長7cm的正方形。

3 將煎餃放在麵團中央，捏住兩側邊緣將煎餃包起來（a）。將形狀捏成長方形後，用料理剪刀在封口處剪出5道開口。

＊可依喜好在室溫中放置大約20分鐘再發酵，烤出更加鬆軟的麵包。

烘烤 

4 將**3**包好的麵團排放在平底不沾鍋中，以小火煎烤。加入100ml的水，蓋上鍋蓋煎7分鐘，再掀開鍋蓋讓水分蒸發，將外皮煎得金黃酥脆。

竹輪片的鹹味和鮮味
很適合搭配製成麵包

炸洋蔥
竹輪麵包

材料（40g・5個份）

A **（保鮮盒）**
- 高筋麵粉…100g
- 砂糖…5g
- 鹽…1g

B **（缽盆）**
- 牛奶（退冰至室溫）…50g
- 水…20g
- 速發乾酵母…1g

奶油（置於室溫中回軟）…5g
竹輪（切成圓片）…1條份
炸洋蔥…1小匙

製作麵團（a）

將竹輪及炸洋蔥大致混入麵粉中即可。直接以這個狀態進行發酵。

作法

可保存
5天

製作麵團

1 參照p.10～15的作法製作麵團。將A放入保鮮盒中混合均勻，再加入混合好的B攪拌混合成麵團。加入奶油攪拌，揉出光澤感。

2 加入竹輪及炸洋蔥，將麵團對折，切成一半再重疊。重複這個動作直到材料混合均勻（a），將麵團整成方形收入冰箱冷藏，靜置約8小時進行發酵。
＊麵團每天重新滾圓一次就可以在冰箱中保存5天左右。

切割

3 撒上高筋麵粉（分量外）後取出麵團，切成三角形。切好之後排放在鋪有烘焙紙的烤盤上。

烘烤

4 請參考以下基準烘烤。
- **烤箱**…預熱至180℃後烘烤15分鐘。
- **小烤箱**…不用預熱，以1200W烘烤8分鐘。
- **電烤爐**…以小火烤5分鐘，烤到一半再蓋上鋁箔紙繼續烤。

用現烤麵包製作
吃起來特別得美味！

可樂餅漢堡

材料（直徑7cm・4個份）

基本隨切隨烤麵團
（參照p.10）…200g
可樂餅（市售）…4個
中濃醬…適量
〈裝飾〉
熟黑芝麻粒…適量

塗上牛奶再撒芝麻，烘烤時芝麻才不容易掉下來。

作法

可保存
5天

製作麵團

1 參照p.10～15的作法製作麵團。

切割～成形

2 撒上高筋麵粉（分量外）後取出麵團，再切成4塊邊長7cm的方形。

3 排放在鋪有烘焙紙的烤盤上，用手指在麵團上方塗上牛奶（分量外）後撒上黑芝麻（a）。

烘烤～裝飾   

4 請參考以下基準烘烤。烤好之後將麵包橫向切半，依喜好夾入高麗菜絲及淋上醬汁的可樂餅。
- **烤箱**…預熱至180℃後烘烤15分鐘。
- **小烤箱**…不用預熱，以1200W烘烤8分鐘。
- **電烤爐**…以小火烤5分鐘，烤到一半再蓋上鋁箔紙繼續烤。

切成
長方形

放上整塊唐揚炸雞，
分量十足的鹹點麵包

唐揚雞麵包

材料（長8cm・3個份）

基本隨切隨烤麵團
（參照p.10）…120g
唐揚雞塊（市售）…6個
美乃滋…適量
〈裝飾〉
荷蘭芹（切碎）…適量

成形（a）

放上唐揚雞塊用手指輕壓，使其貼合麵團。

作法

可保存
5天

製作麵團

1 參照p.10～15的作法製作麵團。

切割～成形

2 撒上高筋麵粉（分量外）後取出麵團，麵團表面也撒上高筋麵粉，用擀麵棍擀成5㎜厚，再切成8×4㎝的長方形。

3 將麵團排放在鋪有烘焙紙的烤盤上，用叉子在麵團3～4處戳洞。放上唐揚雞塊（a），擠上美乃滋再撒上荷蘭芹。
＊可依喜好在室溫中放置大約20分鐘再發酵，烤出更加鬆軟的麵包。

烘烤 

4 請參考以下基準烘烤。
・**烤箱**…預熱至180℃後烘烤15分鐘。
・**小烤箱**…不用預熱，以1200W烘烤8分鐘。
・**電烤爐**…以小火烤5分鐘，烤到一半再蓋上鋁箔紙繼續烤。

麵包店裡的人氣商品也能自己動手做！
使用能烤出酥脆外皮的硬麵包麵團

明太子法國麵包

材料（長8cm・3個份）

岩鹽麵包的麵團（參照p.38）…120g
辣味明太子…40g
美乃滋…30g
〈裝飾〉
海苔絲…適量

作法

製作麵團

1 參照p.38的作法製作麵團。

切割～成形

2 撒上高筋麵粉（分量外）後取出麵團，切成10×4cm的長方形。

3 將麵團排放在鋪有烘焙紙的烤盤上，用料理剪刀在中央縱向剪出開口（a）。夾入混合好的明太子美乃滋（b），再撒上海苔絲。

烘烤

4 請參考以下基準烘烤。
・**烤箱**…以預熱至250℃的烤箱烘烤15分鐘。
・**小烤箱**…不用預熱，以1200W烘烤10分鐘。
・**電烤爐**…以中火烤7分鐘，烤到一半再蓋上鋁箔紙繼續烤。

切割（a）

垂直拿取剪刀，將麵包剪出開口。

成形（b）

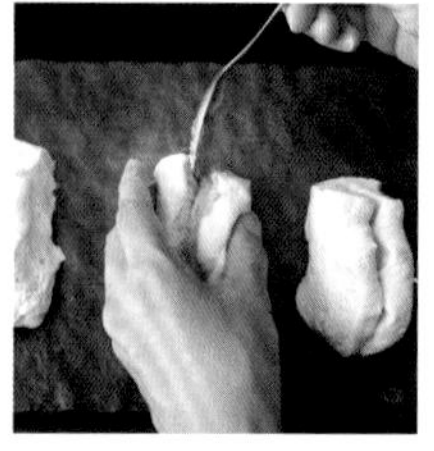

用湯匙挖取明太子美乃滋夾入麵團開口中。

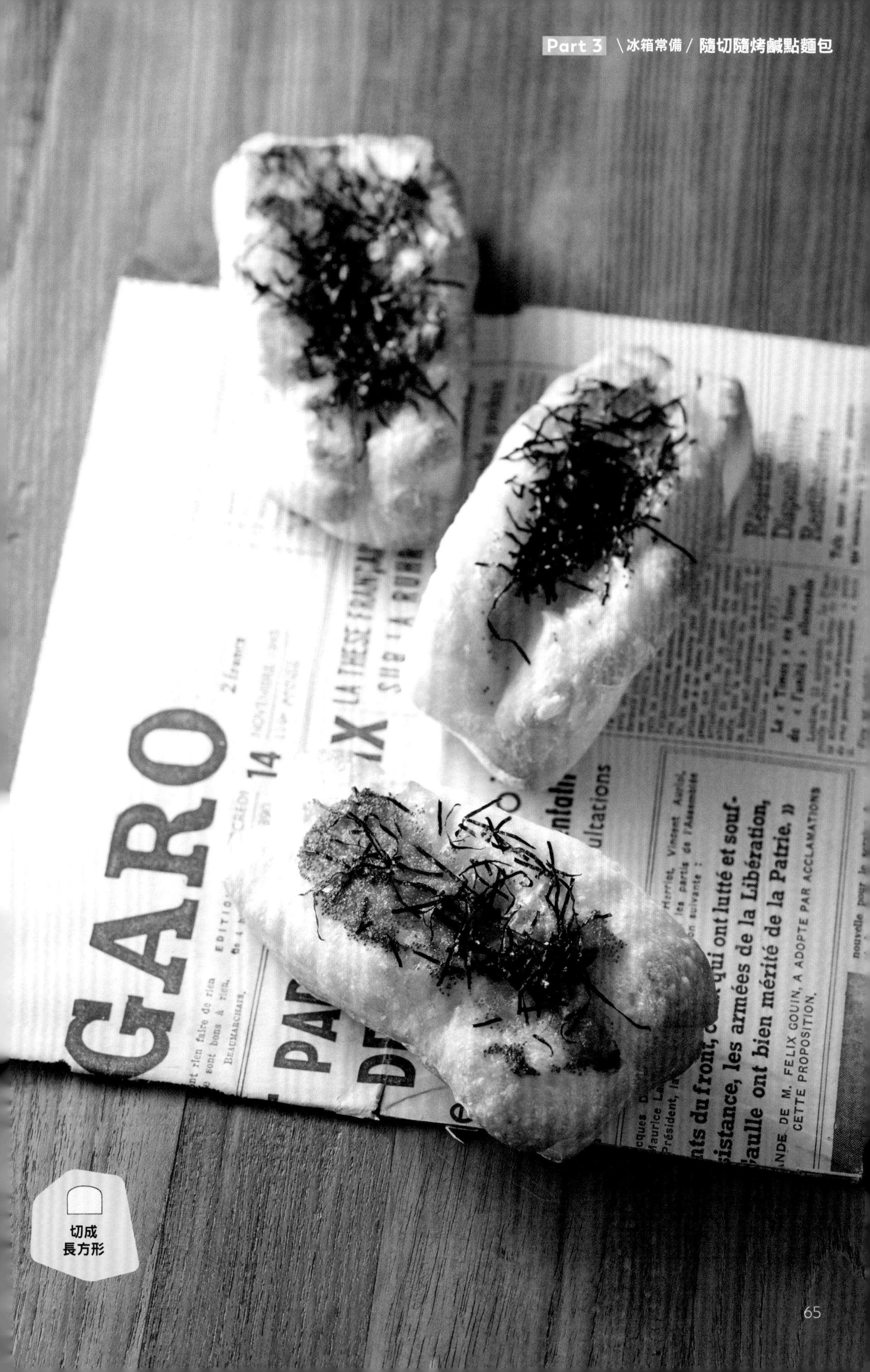
GARO
14
LA THÈSE FRANÇAISE
SUR LA RUHR
ultations
qui ont lutté et souf-
sistance, les armées de la Libération,
aulle ont bien mérité de la Patrie. »
DE M. FELIX GOUIN, A ADOPTÉ PAR ACCLAMATIONS
CETTE PROPOSITION.

切成
長方形

使用添加馬鈴薯的麵團製作，
充滿彈性的口感

魩仔魚麥穗麵包

材料（長20cm・2個份）

馬鈴薯佛卡夏麵團
（參照p.34）…200g
熟魩仔魚…30g
青紫蘇…4片
美乃滋…30g

切割（a）

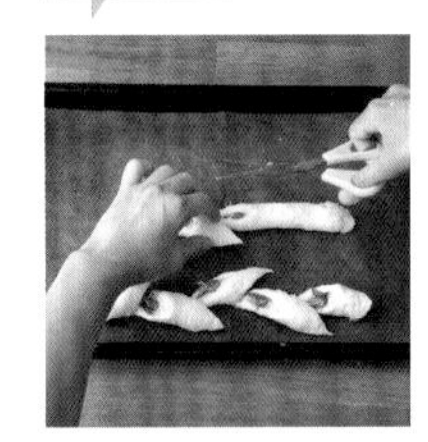

一邊用剪刀剪出開口，
一邊將剪開的麵團交錯
向左右拉開。

作法

製作麵團

1 參照p.34的作法製作麵團。

切割～成形

2 撒上高筋麵粉（分量外）後取出麵團，麵團表面也撒上高筋麵粉，用擀麵棍擀成5㎜厚，再切成20×6㎝的長方形。

3 依序在麵團上擺放青紫蘇、魩仔魚、美乃滋後捲起，捲好之後將開口捏住封好。

4 將麵團排放在鋪有烘焙紙的烤盤上，在麵團剪出數個間隔2㎝的開口，再將切開的麵團交錯向左右拉開（a）。
＊可依喜好在室溫中放置大約20分鐘再發酵，烤出更加鬆軟的麵包。

烘烤   

5 請參考以下基準烘烤。
・**烤箱**…預熱至180℃後烘烤15分鐘。
・**小烤箱**…不用預熱，以1200W烘烤10分鐘。
・**電烤爐**…以小火烤8分鐘，烤到一半再蓋上鋁箔紙繼續烤。

將切成細長條的麵團捲成漩渦狀。
放上滿滿的馬鈴薯沙拉

馬鈴薯沙拉麵包

材料（長8cm・3個份）

基本隨切隨烤麵團
（參照p.10）…120g
〈配料〉
馬鈴薯沙拉（市售）…120g

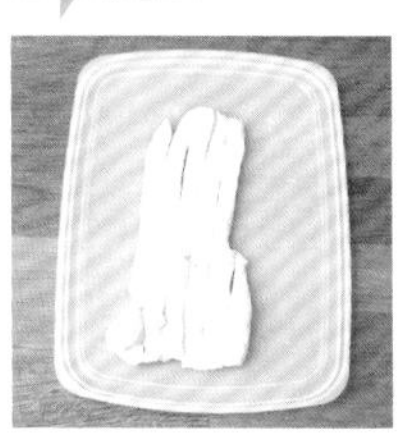

切成大約7mm寬的細條狀。

成形（b）

麵團捲成直徑大約8cm的漩渦狀。

作法

可保存
5天

製作麵團

1 參照p.10～15的作法製作麵團。

切割～成形

2 撒上高筋麵粉（分量外）後取出麵團，麵團表面也撒上高筋麵粉，用擀麵棍擀成5㎜厚，切成細長條（**a**），排放在鋪有烘焙紙的烤盤上，捲成直徑大約8㎝的漩渦狀（**b**）。

＊可依喜好在室溫中放置大約20分鐘再發酵，烤出更加鬆軟的麵包。

烘烤～裝飾   

3 請參考以下基準烘烤。烤好稍微放涼後放上馬鈴薯沙拉，也可依喜好加上生菜、番茄。

・**烤箱**…預熱至180℃後烘烤15分鐘。

・**小烤箱**…不用預熱，以1200W烘烤8分鐘。

・**電烤爐**…以小火烤5分鐘，烤到一半再蓋上鋁箔紙繼續烤。

冰箱常備冷藏發酵麵包特別食譜

電烤盤
現烤麵包派對

將常備麵團放在保鮮盒蓋上切割，再放到電烤盤上！
和卡門貝爾乳酪一起烤就能做出起司火鍋囉！

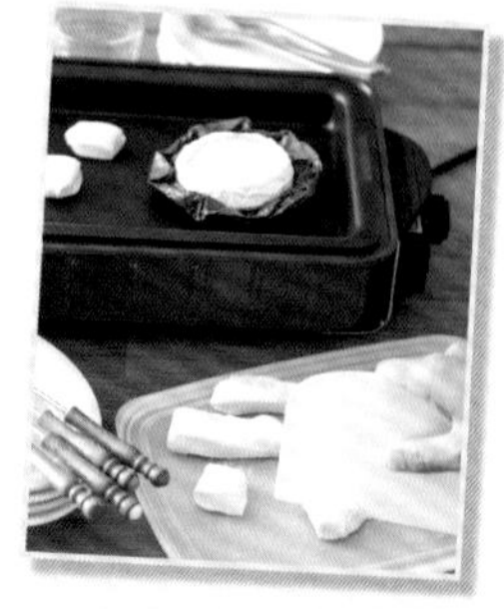

事先準備切好的餡料，像帕尼尼一樣的熱壓麵包也能輕鬆完成！

本篇使用的是基本隨切隨烤麵團（參照p.10）。不過書中介紹的任何一種麵團都可以用電烤盤煎烤，可以依照個人喜好選擇喜歡的麵團。

常備麵團還有個優點就是用電烤盤也能做出美味的麵包。
人多的時候只要準備好麵團，
不論大人小孩都能一起輕鬆享用現烤的麵包。
訣竅是準備好加了火腿或香腸等餡料，具有口感的麵包，
或是可以搭配起司火鍋沾著吃的麵包，
還有甜味的點心麵包等各式各樣的種類。
本篇只有使用基礎麵團，
不過，準備2種左右的麵團可以做出更多變化。
前置作業只要將麵團做好，準備配料，裝好電烤盤。
接下來就可以一邊聊天，一邊煎烤，享用美味的現烤麵包囉！

使用章魚燒烤盤的話，
不用將麵團滾圓也能烤
出圓滾滾的麵包球！

可以拆下清洗，火力也很強！很適合用來舉辦麵包派對

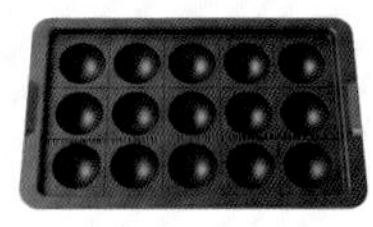

這裡使用的是可以在家輕鬆享受燒烤派對的電烤盤，除了本身配備可以高溫煎烤的BBQ烤肉盤外，還有另外加購的章魚燒烤盤。
Home BBQ／Recolte

像路邊攤一樣用手拿著吃。
可以搭配黃芥末和番茄醬

熱狗
麵包棒

材料（2根份）

基本隨切隨烤麵團（參照p.10）…80g

竹籤熱狗（市售）…2根

作法

1 撒上高筋麵粉（分量外）後取出麵團，麵團表面也撒上高筋麵粉，再用擀麵棍擀成5mm厚，切成7mm寬的細長條。

2 將切成細條狀的麵團捲在熱狗上。

3 用中火將烤盤燒熱，放上**2**，蓋上蓋子烘烤。不時掀開蓋子轉動熱狗使整體均勻受熱，大約烤15～20分鐘。

義式熱烤三明治。
用燒烤盤將麵包烤得酥酥脆脆

帕尼尼

材料（2個份）

基本隨切隨烤麵團（參照p.10）…120g

起司片…2片

培根（厚切）…2片

作法

1 撒上高筋麵粉（分量外）後取出麵團，麵團表面也撒上高筋麵粉，再用擀麵棍擀成5mm厚，20×15cm的大小。

2 切成4等分同樣大小的長方形。在其中兩塊麵團放上起司片及培根，再疊上剩下的兩塊麵團。

3 如果家裡有的話可以裝上能烤出漂亮烤痕的燒烤盤，用偏弱的中火燒熱後放上**2**。蓋上蓋子烘烤7分鐘，再翻面烤7分鐘。

簡易
起司火鍋

材料（容易製作的分量）

基本隨切隨烤麵團（參照p.10）…100g

卡門貝爾乳酪（整顆沒切塊的）…1個

作法

1 以中火將烤盤燒熱。用烘焙紙或是鋁箔紙包住卡門貝爾乳酪，將乳酪上方的表層切除後，放在烤盤上。

2 撒上高筋麵粉（分量外）後取出麵團，麵團表面也撒上高筋麵粉，用擀麵棍擀成5㎜厚。切成1㎝丁狀，放在烤盤上。

3 用偏弱的中火，每面各烤5分鐘左右。卡門貝爾乳酪融化後，就能用烤好的麵包沾著享用了。

用現烤麵包裹上
融化的卡門貝爾乳酪一起享用

砂糖奶油球

材料（容易製作的分量）

基本隨切隨烤麵團（參照p.10）

…20～25g×想製作的數量

奶油…適量

砂糖…適量

作法

1 撒上高筋麵粉（分量外）後取出麵團，切割成20～25g。

2 裝上章魚燒烤盤，用偏弱的中火燒熱。

3 不需要滾圓，將**1**的麵團直接放入章魚燒盤中，蓋上蓋子烘烤5分鐘。

4 用竹籤將每顆麵團翻面，再烤5分鐘。

5 將奶油和砂糖放在烤盤上，使其裹在烤好的麵包球上。

用章魚燒烤盤烤出圓滾滾的麵包球。
最後再裹上奶油增添香氣。

實用Q & A

Q 酵母結塊的話怎麼辦？

A 將牛奶退冰至室溫吧

牛奶和水太冰的話，酵母會沒辦法順利溶解。事先準備好需要使用的牛奶用量，退冰成室溫之後再加入酵母就能讓酵母順利溶解了。使用蔬菜汁時也是同樣的處理方式。如果酵母已經結塊了，則盡量使其溶解，再直接加入材料中做成麵團烘烤也是OK的。

Q 麵團好像都沒有膨脹，發酵完成了嗎？

A 就這樣烘烤也能做出美味的麵包喔

發酵狀態會因麵團的作法和室溫而異。即使看起來沒有膨脹，只要放置了8小時以上就能直接切割並烘烤了。如果想烤出更鬆軟的口感，可以切好放在烤盤上靜置約20分鐘，進行最後發酵後再烘烤。

Q 餡料要攪拌到什麼程度呢？

A 切開時斷面裡能看見配料即可

將配料拌入麵團時，要用刮板將麵團切一半再重疊，重複3次這個動作。當刮板將麵團切開時，斷面能看見配料就可以停止了。麵團發酵後配料就會更加融入麵團中，不用一直重複切割重疊的動作。

»

Q 想將餡料漂亮地捲進麵包裡，有什麼訣竅？

A 在麵團對側預留空間再放餡料

在麵團上放上大量的餡料再捲起的話餡料會被擠出來。先在麵團對側預留1㎝的空間，再往前捲起吧。捲好之後，將開口捏起確實封好的動作也很重要。

Part 4

冰箱常備
隨切隨烤
甜點麵包

帶有柔和甜味的麵包，
不論是當作小朋友的點心
或是拿來送禮都很令人開心。
使用巧克力、黃豆粉和水果等
手邊就有材料，隨時都能輕鬆做麵包。
本篇介紹的是可以使用Part1的基礎麵團，
以及Part2的麵團製作的麵包。

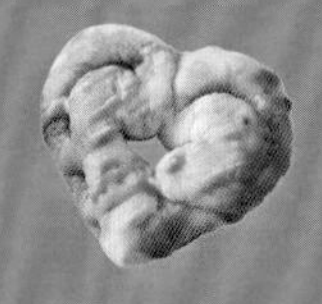

塗上楓糖漿烘烤而成的
鬆軟麵包

楓糖手撕麵包

材料（15×15cm・2個份）

南瓜麵包的麵團（參照p.24）…380g
〈配料〉
楓糖漿…30g
奶油…35g

作法

製作麵團

1 參照p.24的作法製作麵團。

切割～成形

2 撒上高筋麵粉（分量外）後取出麵團，整形成邊長15cm正方形，切成9等分（**a**）。

3 切好之後將麵團排放在鋪有烘焙紙的烤盤上，使其緊靠在一起。塗上楓糖漿及奶油（**b**）。

烘烤

4 請參考以下基準烘烤。
・**烤箱**…預熱至180℃後烘烤20分鐘。
・**小烤箱**…不用預熱，以1200W烘烤15分鐘。
・**電烤爐**…以小火烤12分鐘，烤到一半再蓋上鋁箔紙繼續烤。

切割（a）

用刮板將正方形切成9等分，擺放在烤盤上。

成形（b）

用手指將楓糖漿塗在麵團表面。

切成
大塊的
正方形

裹粉（a）

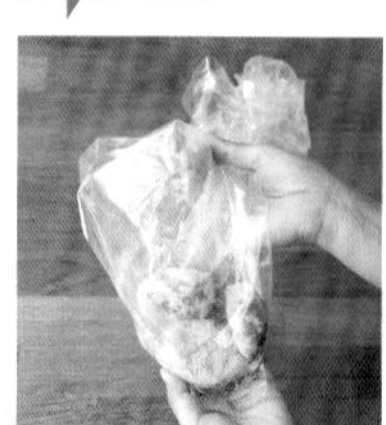

在塑膠袋中裝入少許空氣，將開口束起，輕輕搖晃袋子使麵包均勻裹上黃豆粉及砂糖。

帶有黃豆粉懷舊香氣的
美味麵包

黃豆粉炸麵包

材料（7×4cm・4個份）

基本隨切隨烤麵團（參照p.10）
…120g
黃豆粉…20g
砂糖…20g
炸油…適量

作法

可保存
5天

製作麵團

1 參照p.10～15的作法製作麵團。

切割

2 撒上高筋麵粉（分量外）後，取出麵團，切成7×4cm的長方形。

油炸～裹粉

3 以170℃的熱油將麵團炸成金黃色後稍微放涼。

4 將砂糖及黃豆粉放入塑膠袋中混合，再加入**3**炸好的麵包，搖晃袋子，將麵包裹上黃豆粉及砂糖（**a**）。

在微甜的麵團中
加入酸甜的蔓越莓點綴

煉乳
蔓越莓麵包

材料（45g・5個份）

A （保鮮盒）
- 高筋麵粉…100g
- 鹽…1g

B （缽盆）
- 牛奶（退冰至室溫）…50g
- 煉乳…10g
- 水…15g
- 速發乾酵母…1g

奶油（置於室溫中回軟）…5g
蔓越莓乾…15g
白巧克力*…10g
*可以使用巧克力片，有巧克力豆的話更好。

作法

可保存
5天

製作麵團

1 參照p.10～15的作法製作麵團。將A放入保鮮盒中混合，接著將在缽盆中混合好的B加入攪拌，混合均勻後揉成一團。

2 加入奶油攪拌到出現光澤感後將其揉成一團，加入蔓越莓乾及白巧克力（a），重複3～4次將麵團切成一半之後再重疊的動作（參照p.72）。將麵團整成方形收入保鮮盒中，蓋上蓋子放進冰箱冷藏，靜置大約8小時進行發酵。

＊麵團每天重新滾圓一次就可以在冰箱中保存5天。

切割

3 撒上高筋麵粉（分量外），取出麵團切成三角形。

烘烤

4 請參考以下基準烘烤。
- **烤箱**…預熱至180℃後烘烤15分鐘。
- **小烤箱**…不用預熱，以1200W烘烤8分鐘。
- **電烤爐**…以小火烤5分鐘，烤到一半再蓋上鋁箔紙繼續烤。

切成
三角形

製作麵團（a）

拌好麵團後再加入白巧克力及蔓越莓乾。

時髦的心形麵包，
當作禮物也很討喜

咖啡歐蕾卷

材料（直徑8cm・4個份）

基本隨切隨烤麵團（參照p.10）…160g

A

- 奶油（置於室溫中回軟）…30g
- 即溶咖啡粉（微細）…1小匙

咖啡糖霜（參照下方說明）…適量

成形（a）

將麵團從對側往靠近身體這側對折。

切割（b）

用披薩刀等工具在切好的麵團中間切出開口。

成形（c）

用手將切口處拉開，調整成心形。

作法

製作麵團

1 參照p.10～15的作法製作麵團。

切割～成形

2 撒上高筋麵粉（分量外），從盒中取出麵團，將表面也撒上高筋麵粉，用擀麵棍擀成5mm厚。在麵團對側及靠近身體這側預留2cm左右的空間，其餘部分塗上混合好的A，接著將兩片麵團重疊（a）。將麵團切成1.5cm寬，並且在中間縱切一刀（b）。

3 切好之後排放在鋪有烘焙紙的烤盤上，將麵團中間的切口拉開，調整成心形（c）。
＊可依喜好在室溫中放置大約20分鐘再發酵，烤出更加鬆軟的麵包。

烘烤～裝飾

4 請參考以下基準烘烤，烤好放涼之後再淋上咖啡糖霜。
- **烤箱**…預熱至180℃後烘烤15分鐘。
- **小烤箱**…不用預熱，以1200W烘烤8分鐘。
- **電烤爐**…以中火烤5分鐘，烤到一半再蓋上鋁箔紙繼續烤。

[咖啡糖霜的作法]

將糖粉50g和即溶咖啡粉（微細）3g放入缽盆中，用湯匙攪拌均勻，視情況大約加入5g的水量。調整成用湯匙撈起時可以呈一直線流下的濃度。

切成
細長形後
再調整成心形

在卡士達麵包上
撒上香氣濃郁的杏仁角

卡士達麵包卷

材料（直徑5cm・6個份）

雞蛋熱狗麵包的麵團（參照p.36）…240g
卡士達醬（參照下方說明）…150g
〈配料〉
杏仁角…30g

作法

製作麵團

1 參照p.36的作法製作麵團。

成形～切割

2 撒上高筋麵粉（分量外）後取出麵團，麵團表面也撒上高筋麵粉，用擀麵棍擀成5mm厚。在麵團對側空下1cm寬的空間，其餘部分塗上卡士達醬（**a**）。

3 接著將麵團從身體這邊往對側的方向捲起，捲好之後將開口捏住封好。從底端開始將麵團切成1.5cm寬（**b**）。將切好的麵團排放在鋪有烘焙紙的烤盤上，撒上杏仁角。
＊可依喜好在室溫中放置大約20分鐘再發酵，烤出更加鬆軟的麵包。

烘烤

4 請參考以下基準烘烤。
・**烤箱**…預熱至180℃後烘烤15分鐘。
・**小烤箱**…不用預熱，以1200W烘烤10分鐘。
・**電烤爐**…以中火烤8分鐘，烤到一半再蓋上鋁箔紙繼續烤。

成形（a）

用湯匙塗抹卡士達醬。在麵團對側預留1cm，這樣捲起時卡士達醬才不會擠出來。

成形（b）

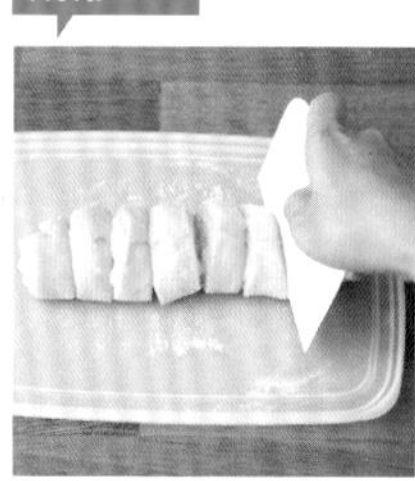

用刮板將麵團切成每塊大約1.5cm寬。

[卡士達醬作法]

1 在耐熱缽盆中加入低筋麵粉15g、砂糖50g混合均勻，再加入全蛋1顆攪拌。
2 將牛奶150g的一半加入缽盆中，用打蛋器攪拌至滑順後，加入剩餘的牛奶，滴入幾滴香草油後攪拌混合。
3 用保鮮膜封好後放入微波爐（600W）中加熱90秒後取出，以打蛋器攪拌混合均勻。再放入微波爐中加熱1分鐘，取出後加入奶油15g攪拌混合。放涼後置入冰箱中冷藏降溫。

捲成一條
再切開

加入煉乳、草莓果醬和奶油
自己動手做小朋友的點心更安心！

草莓奶霜麵包

材料（10cm・4個份）

基本隨切隨烤麵團（參照p.10）…200g
〈草莓奶霜〉
- 草莓醬…50g
- 煉乳…50g
- 奶油（置於室溫中回軟）…50g

作法

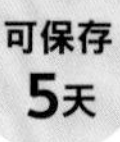

製作麵團

1 參照p.10～15的作法製作麵團。

切割

2 製作草莓奶霜。將奶油放入缽盆中攪拌成霜狀，加入草莓果醬及煉乳混合均勻。

3 在小調理盤中鋪上保鮮膜，倒入草莓奶霜，將其抹平之後放入冷凍庫中靜置15分鐘左右，待其凝固。

4 撒上高筋麵粉（分量外）後，取出麵團，切成10×4cm的長方形，排放在鋪有烘焙紙的烤盤上。

烘烤～填料

5 請參考以下基準烘烤，烤好之後靜置待其完全冷卻。接著在上半部的中間縱切一道切口，夾入冰過並且切好的草莓奶霜（a）。
- **烤箱**…預熱至180℃後烘烤15分鐘。
- **小烤箱**…不用預熱，以1200W烘烤8分鐘。
- **電烤爐**…以小火烤5分鐘，烤到一半再蓋上鋁箔紙繼續烤。

填料（a）

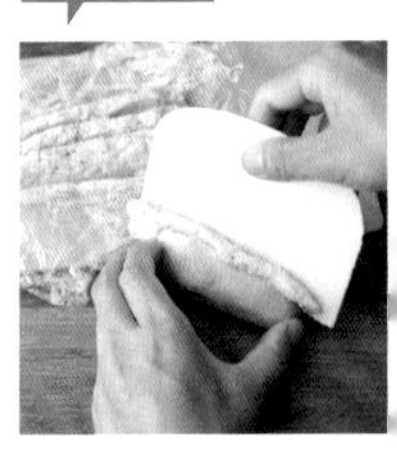

先將草莓奶霜冷凍使其凝固，再用刮板切成塊狀，夾入麵包中即可。

放上巧克力片就能烤出
簡單的巧克力麵包

巧克力片烤麵包

切成
長方形

材料（7cm・4個份）

基本隨切隨烤麵團（參照p.10）…160g
巧克力片（喜歡的牌子和口味）…120g

作法

可保存
5天

製作麵團

1 參照p.10～15的作法製作麵團。

切割～成形

2 撒上高筋麵粉（分量外），從盒中取出麵團，表面也撒上高筋麵粉，用擀麵棍擀成5㎜厚。將麵團切成7×4㎝的長方形，並且在中間縱切一刀。

3 切好之後排放在鋪有烘焙紙的烤盤上，每片麵團放上2～3塊巧克力片（a）。
＊可依喜好在室溫中放置大約20分鐘再發酵，烤出更加鬆軟的麵包。

烘烤   

4 請參考以下基準烘烤。
・**烤箱**…預熱至180℃後烘烤15分鐘。
・**小烤箱**…不用預熱，以1200W烘烤8分鐘。
・**電烤爐**…以小火烤5分鐘，烤到一半再蓋上鋁箔紙繼續烤。

成形（a）

放上巧克力片用手指輕壓，使其貼合麵團。

切割（a）

不使用盒蓋，直接在保鮮盒中切割也OK。

在抹茶麵團中加入甘納豆
做成的和風麵包

抹茶甘納豆麵包

材料（7×4cm・4個份）

A（保鮮盒）
- 高筋麵粉…400g
- 砂糖…20g
- 鹽…4g
- 抹茶…4g

B（缽盆）
- 牛奶（退冰至室溫）…200g
- 水…80g
- 速發乾酵母…4g

奶油（置於室溫中回軟）…20g
甘納豆（市售）…100g

作法

可保存 5天

製作麵團

1 參照p.10～15的作法製作麵團。將A放入保鮮盒中混合，接著將在缽盆中混合好的B加入攪拌，混合均勻後揉成一團。

2 加入奶油攪拌到出現光澤感後將其揉成一團，加入甘納豆，重複3～4次將麵團切成一半之後再重疊的動作（參照p.72）。

3 將麵團整成方形收入保鮮盒中，蓋上蓋子放進冰箱冷藏，靜置大約8小時進行發酵。
＊麵團每天重新滾圓一次就可以在冰箱中保存5天。

切割

4 撒上高筋麵粉（分量外），從盒中取出麵團，切成三角形（a）。排放在鋪有烘焙紙的烤盤上。

烘烤

5 請參考以下基準烘烤。
- **烤箱**…預熱至180℃後烘烤15分鐘。
- **小烤箱**…不用預熱，以1200W烘烤8分鐘。
- **電烤爐**…以小火烤5分鐘，烤到一半再蓋上鋁箔紙繼續烤。

塗上楓糖漿
增添自然的甜味

甘栗核桃麵包

材料（40g・4個份）

A （保鮮盒）
- 高筋麵粉…100g
- 砂糖…10g
- 鹽…1g

B （缽盆）
- 蛋…30g
- 牛奶（退冰至室溫）…20g
- 水…20g
- 速發乾酵母…1g

奶油（置於室溫中回軟）…5g
甘栗（市售，切成粗粒）…35g
核桃（切成粗粒）…60g
〈配料〉
楓糖漿…適量

作法

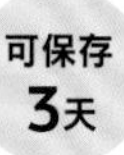

製作麵團

1 參照p.10～15的作法製作麵團。將A放入保鮮盒中混合，接著將在缽盆中混合好的B加入攪拌，混合均勻後揉成一團。

2 加入奶油攪拌到出現光澤感後將其揉成一團，加入甘栗及核桃，重複3～4次將麵團切成一半之後再重疊的動作（參照p.72）。

3 將麵團整成方形收入保鮮盒中，蓋上蓋子放進冰箱冷藏，靜置大約8小時進行發酵。
＊麵團每天重新滾圓一次就可以在冰箱中保存3天。

切割～成形

4 撒上高筋麵粉（分量外），從盒中取出麵團，切成三角形。排放在鋪有烘焙紙的烤盤上，塗上楓糖漿（a）。

烘烤

5 請參考以下基準烘烤。
- **烤箱**…預熱至180℃後烘烤15分鐘。
- **小烤箱**…不用預熱，以1200W烘烤8分鐘。
- **電烤爐**…以小火烤5分鐘，烤到一半再蓋上鋁箔紙繼續烤。

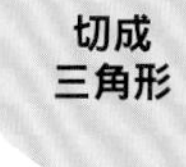

切割（a）

塗上楓糖漿增添香氣，
烤出帶濕潤感的麵包。

包入白巧克力，
適合當作點心的可頌

白巧克力夾心可頌

材料（直徑7cm・4個份）

基本隨切隨烤麵團（參照p.10）…160g
白巧克力…8塊
〈裝飾〉
杏仁片…適量

作法

製作麵團

1 參照p.10～15的作法製作麵團。

切割～成形

2 撒上高筋麵粉（分量外），從盒中取出麵團，將表面也撒上高筋麵粉，用擀麵棍擀成5㎜厚的長方形，再切成三角形。

3 將白巧克力放在三角形的底邊捲起（a），排放在鋪有烘焙紙的烤盤上，撒上壓碎的杏仁片。
＊可依喜好在室溫中放置大約20分鐘再發酵，烤出更加鬆軟的麵包。

4 請參考以下基準烘烤。
・**烤箱**…預熱至180℃後烘烤15分鐘。
・**小烤箱**…不用預熱，以1200W烘烤8分鐘。
・**電烤爐**…以小火烤8分鐘，烤到一半再蓋上鋁箔紙繼續烤。

成形（a）

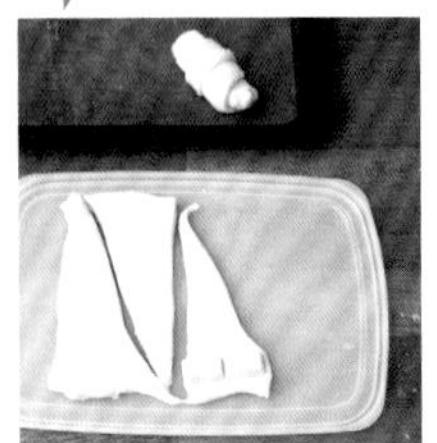

從三角形的底邊往頂點方向捲起就能做成可頌的形狀了。

切成三角形
再捲起

包入大塊番薯，
口感鬆軟綿密！

番薯煎包

材料（直徑7cm・4個份）

基本隨切隨烤麵團（參照p.10）…180g
番薯（蒸好切成圓片）…120g
〈裝飾〉
杏仁片…少許

作法

可保存
5天

製作麵團

1 參照p.10～15的作法製作麵團。

切割～成形

2 撒上高筋麵粉（分量外）後取出麵團，麵團表面也撒上高筋麵粉，用擀麵棍擀成5mm厚，切成4塊正方形。

3 將番薯塊放在麵團中央，邊角往中心捏起用麵團將其包裹（a），再將形狀稍微捏圓，排放在平底不沾鍋中，再放上杏仁片。
＊可依喜好在室溫中放置大約20分鐘再發酵，烤出更加鬆軟的麵包。

烘烤

4 以偏弱的中火加熱，蓋上鍋蓋，兩面各煎7分鐘。當麵包膨脹起來，兩面煎成金黃色就完成了。

成形（a）

每個麵團中包入一塊切成圓片的番薯。

成形（a）

先將紅豆餡滾圓會比較好包。

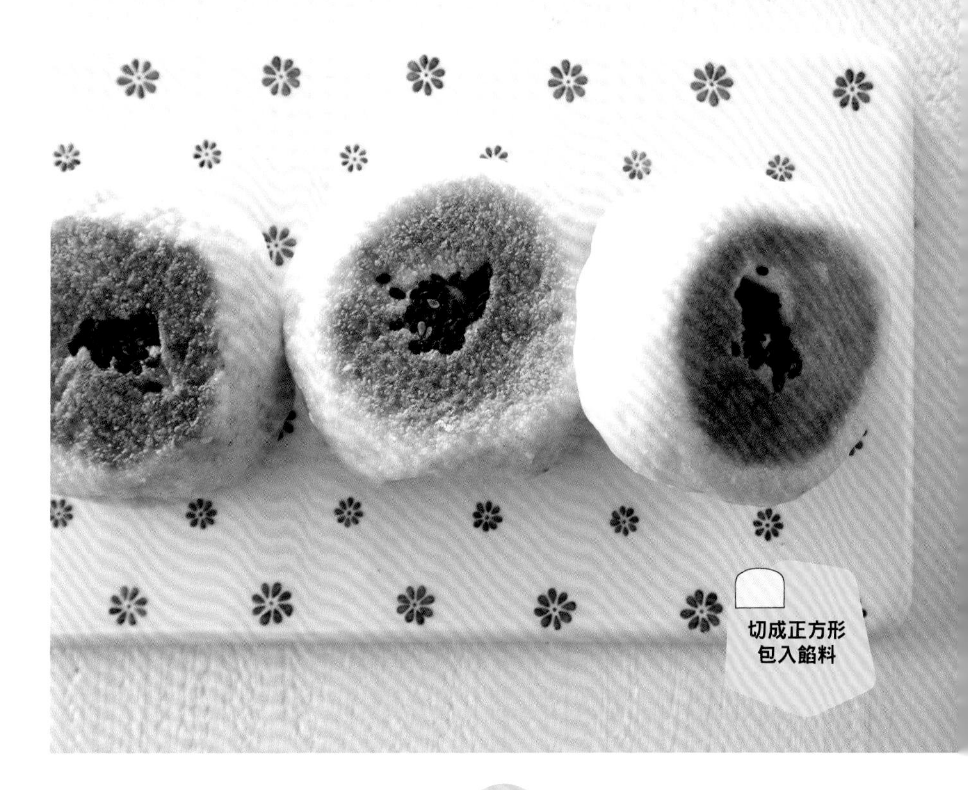

以米粉做出Q彈口感
搭配紅豆餡超對味！

米粉紅豆煎包

材料（直徑7cm・4個份）

米麵包的麵團（參照p.40）…180g
紅豆餡（市售）…120g
〈裝飾〉
熟黑芝麻粒…少許

作法

可保存
5天

製作麵團

1 參照p.40的作法製作麵團。

切割～成形

2 撒上高筋麵粉（分量外）後取出麵團，麵團表面也撒上高筋麵粉，用擀麵棍擀成5㎜厚，切成4塊正方形。

3 將紅豆餡分成4等分滾成圓形，分別放在麵團中央（a）。邊角往中心捏起用麵團包裹住紅豆餡，再將形狀稍微捏圓，排放在平底不沾鍋中，放上芝麻粒。
＊可依喜好在室溫中放置大約20分鐘再發酵，烤出更加鬆軟的麵包。

烘烤

4 以偏弱的中火加熱，蓋上鍋蓋，兩面各煎7分鐘。當麵包膨脹起來，兩面煎成金黃色就完成了。

撒上肉桂砂糖，
增添香氣和甜味

肉桂香蕉麵包

材料（長7cm‧3個份）

基本隨切隨烤麵團（參照p.10）…120g
香蕉（切片）…150g
砂糖…15g
肉桂粉…3g
奶油…適量

作法

製作麵團

1 參照p.10～15的作法製作麵團。

切割～成形

2 撒上高筋麵粉（分量外）後取出麵團，麵團表面也撒上高筋麵粉，用擀麵棍擀成5mm厚，切成8×4cm的長方形（**a**），接著用叉子在麵團4～5處戳洞（**b**）。

3 放上香蕉片，撒上肉桂粉和砂糖，再放上剝成碎塊的奶油（**c**）。
＊可依喜好在室溫中放置大約20分鐘再發酵，烤出更加鬆軟的麵包。

烘烤

4 請參考以下基準烘烤。
- **烤箱**…預熱至180℃後烘烤15分鐘。
- **小烤箱**…不用預熱，以1200W烘烤8分鐘。
- **電烤爐**…以小火烤5分鐘，烤到一半再蓋上鋁箔紙繼續烤。

切割（a）

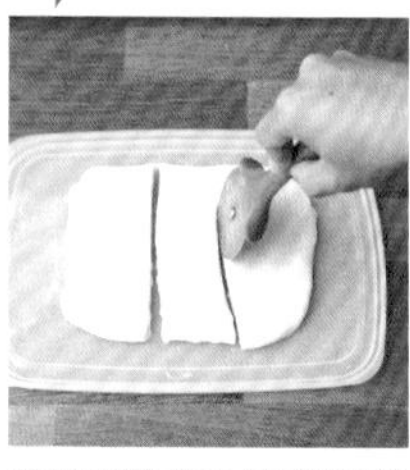

將麵團擀成長方形並且縱向擺放，再切成3等分。

成形（b）

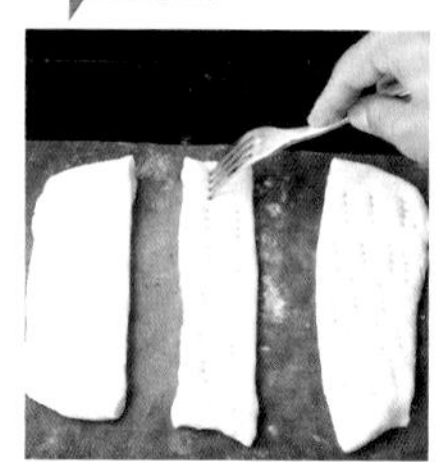

為了不讓放配料的地方膨脹起來，要用叉子在麵團中央戳洞（戳出氣孔）。

成形（c）

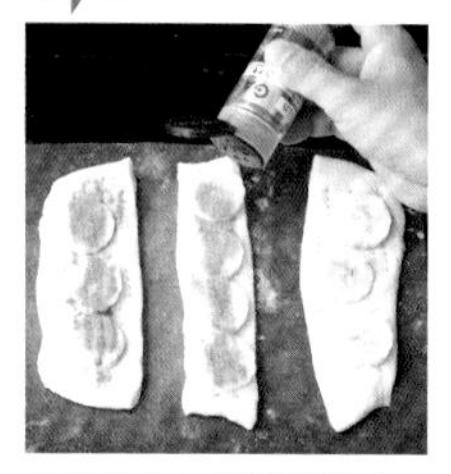

最後撒上肉桂粉及砂糖。

切成
長方形

製作麵團（a）

果乾不論是使用綜合果乾或是葡萄乾等單一種類都可以。

依喜好加入
滿滿的果乾烘烤而成

果乾麵包

材料（40g・4個份）

A （保鮮盒）

- 高筋麵粉…80g
- 裸麥粉…20g
- 砂糖…5g
- 鹽…1g

B （缽盆）

- 原味優格（無糖）…20g
- 水…50g
- 速發乾酵母…1g

奶油（置於室溫中回軟）…5g
水果乾（喜歡的種類）…120g

作法

製作麵團

1 參照p.40的作法製作麵團。將A放入保鮮盒中混合，接著將在缽盆中混合好的B加入攪拌，混合均勻後揉成一團。

2 加入奶油攪拌到出現光澤感後將其揉成一團，加入果乾（a）拌入麵團中（參照p.72）。

切割

3 撒上高筋麵粉（分量外），從盒中取出麵團切成三角形。排放在鋪有烘焙紙的烤盤上。

烘烤

4 請參考以下基準烘烤。
- **烤箱**…預熱至250℃後烘烤15分鐘。
- **小烤箱**…不用預熱，以1200W烘烤8分鐘。
- **電烤爐**…以小火烤5分鐘，烤到一半再蓋上鋁箔紙繼續烤。

放上酸甜的
糖煮蘋果！

蘋果麵包

材料（直徑8cm・4個份）

基本隨切隨烤麵團
（參照p.10）…160g
〈配料〉
蘋果（切成瓣狀糖煮）…8塊（80g）

作法

可保存
5天

製作麵團

1 參照p.10～15的作法製作麵團。

切割～成形

2 撒上高筋麵粉（分量外）後取出麵團，麵團表面也撒上高筋麵粉，用擀麵棍擀成5㎜厚，切成約7㎜寬的細長條。

3 排放在鋪有烘焙紙的烤盤上，捲成4個漩渦狀，用叉子在各處戳洞（a），再放上蘋果片。
＊可依喜好在室溫中放置大約20分鐘再發酵，烤出更加鬆軟的麵包。

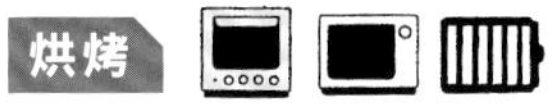

烘烤

4 請參考以下基準烘烤。
・**烤箱**…預熱至180℃後烘烤15分鐘。
・**小烤箱**…不用預熱，以1200W烘烤10分鐘。
・**電烤爐**…以小火烤8分鐘，烤到一半再蓋上鋁箔紙繼續烤。

成形（a）

為了讓漩渦狀的麵團中間不會膨脹，要在麵團上戳出氣孔。

隨切隨烤

應用變化無限多！
讀者的冰箱常備麵包分享

讀者的常備麵包大公開！

01
Miyako

職場媽媽，有個愛吃麵包的6歲兒子。「雖然每天都非常忙碌，但是常備麵包作法簡單，所以經常自己烤麵包。」

將基本麵團切成喜歡的形狀烤一烤就完成了！吃早餐時可以夾入自己喜歡的配料做成三明治。

將奶油乳酪及南瓜泥塗在南瓜麵團上，捲起來切塊烘烤而成的麵包卷！

02
Kon Yumiko

孩子出生後，開始製作一些小朋友也能安心享用的麵包，並且開辦了可以輕鬆做麵包的烘焙教室。（自宅麵包教室chouchou）

將基礎麵團擀平，放上喜歡的餡料捲起來，切塊後再烘烤就完成了。

烤好色彩繽紛的麵包，繫上拉菲草繩當作禮物！

03
Yabuuchi Maki

發酵料理研究家。以守護孩子及地球的未來為主題發想料理提案。開辦以媽媽們為客群的輔導型課程。
（Natural Kitchen YURA）

本書介紹了大約60種用冰箱常備麵團，切一切就能馬上烘烤的麵包食譜。
不過，常備麵團的變化並不只有這樣！
加入喜歡的配料，做成喜歡的形狀，稍微動動腦就能有無限多種變化。
我身邊的親朋好友們也都樂於製作各種常備麵包。
請各位務必參考本書，試著製作自己喜歡的麵包。
希望能用美味的現烤麵包為各位帶來更多歡樂！

04
Tsuneishi Yuko

以再忙也能做麵包等主題，符合各種生活形態的手作麵包教室開課中。
（喘口氣麵包教室 YU-RUTTO）

將米麵包麵團貼上海苔烘烤，再夾入薑燒豬肉做成三明治！

將番茄麵包切塊，塗上橄欖油及大蒜，用小烤箱烤出酥脆口感。

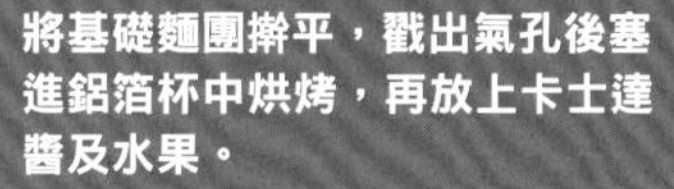

05
Oota Miki

和4個孩子一起做麵包。並且在自家及咖啡店等處都有開辦烘焙教室。
（手作麵包教室 NANOTN）

06
Uki Mizuho

以第二個孩子的出生為契機，在自宅開辦了烘焙教室，讓第一次做麵包的人也能輕鬆上手。（多摩廣場 自宅麵包教室PakuPaku）

以基礎麵包製作了鹹食及甜點兩種的三明治。

作者

吉永麻衣子

出生於兵庫縣寶塚市。聖心女子大學畢業後進入一般企業，曾任專門學校講師、日本VOUGUE雜誌開辦的料理教室HAPPY COOKING的講師等。2009年於自家開辦了烘焙教室「cooking studio minna」，適合媽媽們的食譜和可以帶小孩一起上課的風格深受好評。此外，也有為雜誌提供食譜、與企業合作開發食譜、在網路上撰寫專欄、舉辦講習會等，活動領域十分廣泛。在日本全國與全世界推行的「在家做麵包專家」認證資格自開辦以來，已經累積了1300名學員。主要著有《冰箱常備免揉麵包》（悅知文化，中文版）、《簡単もちふわドデカパン》（新潮社）等作品。

日文版STAFF

裝幀・內文設計　細山田光宣　鈴木あづさ（細山田設計事務所）
封面・內文插畫　山口正児
攝影　松木潤（主婦之友社寫真課）
取材・彙整　川﨑由紀子
造型　鈴木亜希子
攝影協助　UTUWA
責任編輯　近藤祥子（主婦之友社）

Special thanks

料理助手　鈴木都子、太田美紀、藪內真紀、今祐美子
圍裙製作　勝俣訓子

協力　TOMIZ（富澤商店）
TEL　042-776-6488
http://tomiz.com

超省時！冰箱常備冷藏發酵麵包
隨切隨烤，每天都吃得到現烤麵包！

2018年4月1日初版第一刷發行

作　　者　吉永麻衣子
譯　　者　徐瑜芳
編　　輯　曾羽辰
美術編輯　黃郁琇
發 行 人　齋木祥行
發 行 地　台灣東販股份有限公司
＜地址＞台北市南京東路4段130號2F-1
＜電話＞(02)2577-8878
＜傳真＞(02)2577-8896
＜網址＞http://www.tohan.com.tw
郵撥帳號　1405049-4
法律顧問　蕭雄淋律師
總 經 銷　聯合發行股份有限公司
＜電話＞(02)2917-8022
香港總代理　萬里機構出版有限公司
＜電話＞2564-7511
＜傳真＞2565-5539

國家圖書館出版品預行編目資料

超省時!冰箱常備冷藏發酵麵包：隨切隨烤,每天都吃得到現烤麵包! / 吉永麻衣子著；徐瑜芳譯. -- 初版. -- 臺北市：臺灣東販, 2018.04
96面；18.2×25.7公分
譯自：冷蔵庫で作りおきパン：切りっぱなしでカンタン
ISBN 978-986-475-623-0(平裝)

1.點心食譜 2.麵包

427.16　　107002767